Was steckt hinter Menschen und Universum?

Negjmedin Kerellaj

Was steckt hinter Menschen und Universum?

Dieser Bibliografische Information der Deutschen Nationalbibliothek: Die Deutsche Nationalbibliothek verzeichnet diese Publikation in der Deutschen Nationalbibliografie; detaillierte bibliografische Daten sind im Internet über dnb.dnb.de abrufbar.

Satz, Covergestaltung, Herstellung und Verlag:
Grafik: Pol Sole/ MrVander/ Shutterstock.com
BoD – Books on Demand, Norderstedt
ISBN: 978-3-7562-8229-6

Inhalt

Vorwort

Als ich angefangen habe, mich mit Physik zu beschäftigen, habe ich mir unzählige Frage gestellt, die ich versucht habe, mithilfe der Physik zu beantworten. Ich bin mir ziemlich sicher, dass jeder von uns schon mal in der Schule etwas über das Sonnensystem erfahren hat. In diesem Fall bin ich mir auch sicher, dass ich nicht der Einzige bin, der sich in der Kindheit gefragt hat, wie genau unser Sonnensystem funktioniert. Nun, als ich dann festgestellt habe, dass ich zuerst das Fach Physik verstehen muss, um unser Sonnensystem besser verstehen zu können, habe ich dann deutlich mehr Interesse für Physik gezeigt. Nach einer Weile habe ich festgestellt, dass die Zeit und das Universum stark von der Sonne abhängig sind. Als ich dann im Laufe der Zeit besser die Themen im Fach Physik verstanden habe, habe ich angefangen viele Erlebnisse in Physik umzuwandeln, die für mich schließlich einen Sinn ergeben haben. Ich habe manchmal von Leuten gehört, die plötzlich gesagt haben, dass an einem Tag irgendwie ihnen die Zeit zu langsam vergangen ist. Sie haben gesagt, dass dieser Tag sich so angefühlt hat, als ob der Tag wie 100 Jahre wäre. Ich habe zu ihnen gesagt, dass ich dafür das Verständnis habe, und mehr habe ich dazu nicht gesagt. Es gab auch Fälle, wo mir ein paar Leute von ihrem Skifahren erzählt haben. Sie sagten, dass ihre Ferien dort auf den Bergen zu schnell abgelaufen sind. Ich habe zu ihnen auch dasselbe gesagt, nämlich ich habe das Verständnis dafür.

Hier muss auch gesagt werden, dass es heutzutage viele Missverständnisse zwischen Religionen und Leuten gibt. Einige von denen meinen, dass es keinen Gott gibt. Und manche von denen behaupten, dass es doch einen Gott geben könnte. Natürlich habe ich für beide Verständnis, ohne dass sie irgendwie dies beweisen und begründen können. Außerdem gab es auch Fälle, wo sich die Frage gestellt hat, sind Menschen programmiert.

Zusammenfassend lässt sich sagen, dass es bis jetzt um Zeit, Gott und Programmierung ging. Diese drei Fragen haben mich dazu gebracht, ein Buch darüber zu schreiben. Ich habe mich entschieden, diese drei Fragen anhand der Physik zu beantworten und zu begründen. Ich will zeigen, wie diese drei Fragen sich auf Physik beziehen. Ich werde dieses Buch so logisch formulieren und begründen, dass jeder dieses Buch verstehen wird. Nachdem Sie dieses Buch gelesen haben, werden Sie die Zeit in Ihrem Privatleben besser einteilen können. Sie werden auch lernen, wie Sie die Entscheidungen in Ihrem Gehirn programmieren können. Eine Entscheidung zu treffen, ist gar nicht so einfach. Sie werden im Kapitel 7 genauer nachvollziehen können, was ich damit meine, beziehungsweise wieso es schwierig ist, eine Entscheidung zu treffen.

Einleitung

Wir befinden uns in der schönsten Zeit, wo wir fast alles bereits haben, was wir für jetzt und die Zukunft benötigen. Damit meine ich, dass unsere Vorfahren uns das Leben vereinfacht haben. Fragen wir uns mal, wer die Erdbeschleunigung dieses Universums entdeckt hat. Und wofür ist die Erdbeschleunigung geeignet, beziehungsweise in welchem Bereich kann uns die Erdbeschleunigung helfen? Die nächste Frage lautet: Wer hat die Moleküle entdeckt, und wofür benötigen wir die? Nun kommen wir zur nächsten Frage, nämlich: Wer hat den Strom entdeckt, und wofür benötigen wir überhaupt den Strom? Es gibt immer noch unzählige Erfindungen, die von unseren Vorfahren entdeckt worden sind. Ich möchte aber dazu noch die wichtigste Frage erläutern, die in meinem Fall eine wichtige Rolle spielt. Wer hat die Relativitätstheorie entdeckt, und wozu ist sie in unserem Privatleben geeignet? Außerdem, wie wir heute sehen können, gibt es wunderschöne und komplexe Wohnungen, Häuser, Brücken und Autos. Alle diese erwähnten Begriffe werden mithilfe der Physik und Mathematik in der Realität ermöglicht. Um ein Haus bauen zu können, muss zunächst alles zusammengerechnet werden. Das Schönste ist aber dabei, dass wir heutzutage alle physikalischen und mathematischen Formeln haben, die wir hierzu benötigen. Und all diese Formeln wurden von unseren Vorfahren entdeckt. Deshalb meinte ich, dass wir heutzutage fast alle wichtigsten Dinge haben, die wir für jetzt und die Zukunft benötigen. Zusammenfassend lässt sich sagen, dass unsere Vorfahren uns gemäß den Büchern sagen, was wir benötigen, um von A nach B gehen zu können. Wie und wann wir von A nach B gehen wollen, dies ist uns überlassen. Nun, als Nächstes möchte ich gerne auf das Thema Theorie eingehen, welches seit Jahren unverständlich geblieben ist. Niemand kann nachvollziehen, was damit gemeint ist. Es gibt so viele Professoren, die sich damit ständig beschäftigen, herauszufinden, was mit dieser Theorie gemeint ist. Diese Theorie wird als Relativitätstheorie bezeichnet, welche Albert Einstein herausgefunden hat. Wichtig ist dabei, dass in diesem Buch die Zeit mithilfe der Relativitätstheorie des Albert Einsteins erklärt wird. Und ob wir Menschen programmiert sind, oder ob ein Gott existiert, diese zwei Fragen werden mithilfe der Physik und Informatik beantwortet. Ich werde bis zum Kapitel 5 alles erklären und beweisen, dass die Kapitel 6, 7 und 8 einen Sinn mithilfe der Physik ergeben. Es wird manchmal in diesem Buch etwas zu indirekt erklärt, um festzustellen, dass so etwas wirklich in der Realität existiert. Wir sollen uns in diesem Fall auf Physik, Relativitätstheorie und Informatik verlassen. Der Hauptgrund hierfür ist, dass bis heute noch kein Wunder passiert ist, um die Wirklichkeit und die Geheimnisse des Universums aufzuklären. Wir wissen noch zu wenig über dieses Universum. Es steckt viel mehr noch dahinter, was wir aber nicht wissen. Wir Menschen sind intelligent genug, um selber herauszufinden, was alles hinter diesem Universum steckt. Deshalb sollen wir die Gesetze der Physik, Relativitätstheorie und Informatik akzeptieren. Zusammenfassend lässt sich sagen, dass wir Menschen in diesem Universum für alles, was sich auf uns bezieht, verantwortlich sind. Ich möchte aber hierzu ein Beispiel machen, damit man es besser nachvollziehen kann, was ich damit meine. Nehmen wir mal an, wir sind auf der Suche nach einer Arbeit, und wie wir es schon wissen, müssen wir zur Arbeit gehen, um überleben zu können. Was könnte alles passieren, wenn wir monatelang keinen Job finden können und wir während dieser Zeit von niemanden unterstützt werden. Eins kann ich sagen, dass kein Wunder passieren wird, dass das Geld extra für uns auf Bäumen wächst. Wir hätten aber andere Möglichkeiten, die wir während dieser Periode hätten nutzen können, als wir auf der Suche nach einer Arbeit waren. Dasselbe Problem haben wir mit unserem Universum. Wenn wir in diesem Universum auf ein Wunder warten, können wir nicht fähig sein, Probleme zu lösen. Deshalb benutzt man in diesem Fall solche physikalischen Werkzeuge, um die Wahrheit des Universums entdecken zu können. Es gibt nichts Schöneres, als die unbekannte Wahrheit über uns und über das Universum zu entdecken. Zum einen kann man auf diese Weise ein besseres Leben haben. Zum anderen ist es auch schön zu wissen, wie wir ein glückliches Leben haben können. Wieso sollte man sich auf Physik verlassen, ohne Angst und Sorge dabei zu haben. Oder in anderen Wörtern: Wieso sollen wir auf das Fach Physik vertrauen. Nun, dazu mache ich nochmals ein Beispiel. Heutzutage gibt es so viele Leute, die viel mit dem Flugzeug von A nach B reisen. Wir benutzen auch jeden Tag unsere Autos, um von A nach B fahren zu können. Nun, wenn man sich fragt, wie ein Flugzeug oder ein Auto zusammengebaut ist, dann kann man diese Frage ganz einfach beantworten. Ohne die Physikkenntnisse hätten die Erfinder des Flugzeugs und Autos keine Chance gehabt, um alles zu berechnen, was man dafür berechnen muss, damit schließlich beide Maschinen funktionieren. Das heißt, wir Menschen haben den Mut und das Vertrauen, von A nach B mit diesen beiden öffentlichen Verkehrsmitteln anzureisen. Diese zwei Beispiele waren die einfachsten Bespiele, welche sich auf Physik beziehen. Es gibt noch viele andere komplizierte Sachen, die mithilfe der Physik funktionieren, die ich hier nicht erwähnen möchte. Ich bemühe mich, Ihnen das Vertrauen für Physik zu schenken, damit Sie sich auf dieses Buch verlassen könnten In anderen Wörtern: Ich versuche, Sie zu überzeugen, dass wir uns nicht auf die Wunder verlassen sollen. Denn wenn wir auf die Wunder warten, wird es uns unmöglich sein, weiterhin überleben zu können. Wir wollen nicht am Flughafen auf ein Schiff warten, sondern auf ein Flugzeug.

Kapitel 1: Wieso ist als Erstes die Sonne entstanden?

Seit Jahren und Jahren versuchen die Wissenschaften eine Antwort auf diese Frage zu finden. Unglücklicherweise fällt es niemanden leicht, diese Frage korrekt zu beantworten. Es ist nicht der Fall, dass wir nicht wissen, wie die Sonne entstanden ist. Es muss aber hier erwähnt werden, dass eine Antwort dafür gefunden wurde, aber die Antwort dieser Frage ist auf keinen Fall eine sichere Antwort. Die Wissenschaftler gehen davon aus, dass die Sonne so entstanden ist, wie sie diesen Vorgang formuliert haben. Ich bin damit einverstanden, aus was die Sonne besteht. Ich habe aber nicht das Verständnis für das, wie sie es angekündigt haben, wie die Sonne entstanden ist. In diesem Falle wissen wir es immer noch nicht, wie genau die Sonne zusammengebaut ist, und das ist die ehrlichste Antwort dafür. Ich möchte gerne dazu ein Beispiel bringen. Wir sollen uns zuerst fragen, was uns genau ein Ziel bedeutet. Ich bin mir ziemlich sicher, dass ein gesunder Menschenverstand diese Frage leicht beantworten kann. Nehmen wir mal an, wir haben ein Ziel für diesen Sommer. Wir haben vor, in diesem Sommer irgendwo ans Meer zu gehen. Das wird jetzt als Ziel bezeichnet. Nun, um dieses Ziel erreichen zu können, müssen wir dafür bereit sein. Als Erstes müssen wir uns fragen, ob wir einen Job haben. Dann lautet die zweite Frage: Wie lange haben wir vor, dort am Meer zu bleiben? Danach kommt die nächste Frage: Sind wir bereit im Bereich Finanzierung, um dorthin gehen zu können. Es kommen immer noch weitere

Fragen, die wir beantworten müssen. Wollen wir dorthin mit einem Auto oder mit dem Flugzeug reisen? Falls wir mit dem Auto dorthin gehen möchten, ist es stark genug, beziehungsweise ist das Auto stark genug, um uns dorthin bringen zu können. Falls wir uns für das Flugzeug entschieden haben, dann müssen wir die Reise buchen. Wenn wir ans Meer gehen, dann muss es uns klar sein, dass wir ein Hotel reservieren müssen, außer wir haben dort unser eigenes Haus. Nun, falls wir alle diese Fragen akzeptiert und beantwortet haben, dann wird unser Ziel in Wirklichkeit passieren. Wir werden dorthin gehen, und wir werden dort das machen, was wir vorhatten. Haben Sie alles verstanden, was ich damit gemeint habe? Ganz genau, Sie haben recht, dass wir uns für dieses Ziel entschieden haben. Es war niemand anderes, welcher uns gesagt hat, bitte geht in diesem Sommer ans Meer. Wir haben uns selbst entschieden, in diesem Sommer ans Meer zu gehen. Wir waren dafür verantwortlich, und niemand anderes. Vielleicht soll hier noch erwähnt werden, wie wir die Entscheidung treffen. Dieser Prozess wird mithilfe der Reize entschieden. Wir unterscheiden heute verschiedene Reize, die in unserem Gehirn entweder wahr- oder nicht wahrgenommen werden können. Das Fach Biologie besagt uns auch, dass die Wahrnehmung mithilfe der Reize wahrgenommen wird. Im Fach Biologie unterscheidet man fünf verschiedene Reize, die ein Mensch wahrnimmt.

Die Wahrnehmungen werden durch Hören, Sehen, Schmecken, Riechen und Tasten wahrgenommen. Nun, ich möchte nochmals zu unserem Fall zurückkommen. Wir haben in unserem Fall entweder durch Hören oder

Sehen unser Ziel wahrgenommen. Wie hier zu sehen ist, ist diese Geschichte aus einem Ziel entstanden. Was ich euch hier mit diesem Beispiel versucht habe zu erklären, ist, dass es zunächst ein Ziel geben muss, um das nächste passieren zu können. Genau dasselbe ist es bei unserem Sonnensystem. Zuerst ist die Sonne entstanden. Damit die Sonne zusammengebaut werden konnte, musste ja zunächst irgendjemand dafür zuständig sein. Irgendjemand hat sich zuerst ein Ziel gesetzt, bevor die Sonne zusammengebaut worden ist. Wir dürfen uns hier nicht missverstehen, dass der Entscheider der Sonne genau das gleiche Ziel hat, welches wir mit dem Reisen ans Meer hatten. In diesem Falle ist es bei der Sonne ein ganz anderes Ziel. Wie wir auch bei dem Sonnensystem sehen können, ist die Sonne in der Mitte, als Mittelpunkt fixiert. Die anderen Planeten befinden sich um die Sonne herum. Uns ist auch klar, dass die Sonne am schwersten ist, beziehungsweise viel und viel schwerer als die Planeten, die sich um die Sonne herum befinden. Das Ziel in diesem Fall war, dass die Sonne am schwersten ist, und dass die Sonne in der Mitte steht. Nun, das nächste Ziel ist, dass die Sonne ständig Tag und Nacht Licht und Wärmeenergie freisetzt. Nun, das letzte Ziel ist dabei, dass andere Planeten sich um die Sonne herum befinden sollen, und diese Planeten sollen einen Abstand gegenüber der Sonne haben. Es ist doch erwähnt worden, dass die Sonne ständig Energie erzeugt. In diesem Zusammenhang stellt sich die Frage, wieso die Sonne überhaupt Energie freisetzt. Ich weiß, dass unsere Wissenschaftler diese Frage anders beantworten würden, wohingegen meine Antwort dieser Frage ganz anders formuliert wird.

Es kann doch nicht etwas entstehen ohne geleistete Arbeit. Ich meine, wir sagen im Fach Physik, dass die Energie nie verloren gehen wird. Die Energie kann nicht aber einfach so entstehen, ohne dass zunächst etwas passiert. Zum Beispiel, um laufen zu können, benötigen wir Energie. Woher kommt aber diese Energie? Bei Menschen kommt die Energie durch die Ernährung, Vitamine, Mineralien usw. Jetzt kommen wir nochmals zu unserer Frage zurück. Kann es sein, dass die Sonne alleine so entstanden ist? Kann es sein, dass diese chemischen Elemente einfach so von sich selbst entstanden sind? Die Antwort lautet: Nein. Falls Sie damit nicht einverstanden sind, dann überlegen Sie sich einmal das Ziel, welches wir davor vorhatten: ans Meer zu gehen. Ich fange jetzt an, die Ziele der Sonne zu erklären. Erstes Ziel ist der Mittelpunkt der Sonne. Die Sonne ist in der Mitte, weil sie die anderen Planeten steuert. Mit anderen Worten lässt sich sagen, dass die Sonne für die anderen Planeten für einige Aspekte zuständig ist. Zweites Ziel der Sonne ist das Gewicht. Wieso muss die Sonne am schwersten sein? Weil dadurch eine Kraft zwischen Sonne und den anderen Planeten beziehungsweise eine Anziehungskraft stattfinden soll. Wofür die Anziehungskraft benötigt wird, wird bereits im zweiten Kapitel aufgeklärt. Das dritte Ziel der Sonne ist der Abstand. Ohne einen Abstand zwischen Sonne und Erde, würde es uns heute nicht möglich sein, in diesem Universum zu leben. Der Abstand zwischen Sonne und Erde wird im Kapitel 5 besser erklärt. Das vierte Ziel der Sonne ist, dass die Energie freigesetzt wird. Wofür wird die Energie der Sonne gebraucht? Diese Energie, die freigesetzt wird,

wird in Wellenlänge umgewandelt. In diesem Fall werden viele unterschiedliche Strahlen von der Sonne freigesetzt. Ich möchte aber hier nur drei Strahlen der Sonne erwähnen. Das Licht, Wärme und UV-Strahlung werden als Sonnenstrahlen bezeichnet. Nun, zunächst möchte ich gerne auf das Thema Licht eingehen. Wie wir schon wissen, wird Licht als eine ganz wichtige Energiequelle bezeichnet. Nicht nur Sonnenlicht, sondern alles, was leuchtet, wird als Wellenlänge bezeichnet, die eben eine Geschwindigkeit haben. Man kann mithilfe der Physikformel die Geschwindigkeit des Lichts berechnen. Wir wollen aber zuerst verstehen, wofür das Licht benötigt wird. Zum einen: Ohne Licht würde es in unserem Universum die ganze Zeit nur dunkel sein. Zum anderen: Ohne Sonnenlicht würde es keine Fotosynthese geben. Die Fotosynthese ist ein ganz wichtiger Prozess, welcher für Glucose C6H12O6 und Sauerstoff zuständig ist. Beziehungsweise wie es wir schon in der Schule gelernt haben, können Pflanzen mithilfe des Sonnenlichts Glucose und Sauerstoff freisetzen. Da stellt sich die Frage, wofür Sauerstoff gebraucht wird. Diese Frage lässt sich leicht beantworten, nämlich Sauerstoff wird von Menschen aufgebraucht. Die Chemiker/-innen wissen noch mehr über Sauerstoff, beziehungsweise sie wissen, was für chemische Reaktionen mithilfe des Sauerstoffs passieren können. Ein Beispiel hierfür ist das Wasser, welches wir täglich benutzen, es besteht aus Sauerstoff. Mit einem Wort könnte man sagen, dass ohne Sauerstoff dieses Leben unvorstellbar wäre. Es muss aber hier gesagt werden, dass Sauerstoff auch in den Meeren freigesetzt wird, wie es uns schon klar war. Wie wir hier sehen können, bringt das Ziel der Sonne uns immer näher und näher ans Ziel der Aufklärung des Geheimnisses. Bis jetzt wurde nur etwas über die Lichtenergie gesagt. Nun, als Nächstes wird über die Wärmeenergie der Sonne aufgeklärt. Stellen wir uns mal vor, wofür die Wärme der Sonne gebraucht wird. Eins kann ich sagen, dass ohne Wärme der Sonne in diesem Universum das Leben des Menschen unvorstellbar wäre. Mehr aber möchte ich hierzu nicht mehr sagen, denn jeder von uns kann sich vorstellen, was alles in diesem Universum passieren könnte, wenn es keine Wärme mehr geben würde. Schließlich wird hier über UV-Strahlung der Sonne diskutiert. Man unterscheidet drei UV-Strahlen: UV-C, UV-B und UV-A. Nun, zuerst soll hier die Ozonschicht erklärt werden, bevor ich mich mit diesen drei Sorten von Strahlen auseinandersetze. Ein Teil der Ozonschicht befindet sich in der Stratosphäre (Google). Das Element Ozon besteht aus drei Sauerstoffatomen und schützt die Erdoberfläche vor gefährlichen Strahlungen, die zu uns kommen könnten. Nun, als Nächstes möchte ich diese drei Arten von UV-Strahlungen präsentieren. UV-C-Strahlung wird als kurzwellig bezeichnet, welche nur bis zur Ozonschicht zur Ausbreitung kommt. UV-B-Strahlung und UV-A-Strahlung, die beiden können bis auf unsere Oberhaut kommen. Das ist der Grund, wieso wir im Sommer Sonnencreme benutzen sollen. Wenn wir die Sonnencreme benutzen, können diese zwei Arten von UV-Strahlen nicht in unserem Körper eindringen, die beiden werden von unserem Hautkörper rückgängig reflektiert. Und wenn wir nicht die Sonnencreme benutzen, dann wird unsere Haut rot, und schließlich könnte

Hautkrebs entstehen. Die UV-B-Strahlung ist für unseren Körper für die Vitamin D-Produktion zuständig. Wie Sie bis jetzt gesehen haben, ist unsere Sonne gezielt aufgebaut worden. Sie haben bereits auch gesehen, dass die Sonne verschiedene komplexe Aufgaben durchführt. Wie schon erwähnt wurde, ist die Sonne am schwersten und am größten. In der Physik hat man festgestellt, dadurch dass die Sonne am schwersten ist, übt sie eine Anziehungskraft zwischen anderen Planeten, die sich um die Sonne herum befinden, aus. Dadurch dass diese Anziehungskraft sich zwischen Planeten befindet, hat jeder Planet in seiner eigener Achse angefangen, sich um die Sonne zu bewegen. Diese Bewegung wird als eine Bahngeschwindigkeit bezeichnet. Was hätte eigentlich alles passieren können, wenn die Planeten stehen geblieben wären, beziehungsweise wenn sie eine Geschwindigkeit von 0 km/h gehabt hätten? Dies hätte nie in der Realität passieren können. Das heißt, die Planeten werden immer dieselbe Geschwindigkeit haben, welche sie bereits haben. Um diese Frage besser beantworten zu können, müssen wir verstehen, wie der Satellit sich um die Erde bewegt, und dass dabei nicht etwas Gefährliches passiert, obwohl der Satellit eine viel geringere Masse als die Erde besitzt. Also wir wissen, dass es in diesem Universum eine Anziehungskraft gibt. Das heißt, wenn der Satellit nicht in einer Bewegung wäre, würde er von der Erde angezogen, weil die Erde eine stärkere Anziehungskraft als der Satellit hat. Dadurch aber, dass der Satellit eine Geschwindigkeit besitzt, wird er nicht von der Erde angezogen. Und bei der Sonne ist es so, dass die Sonne die stärkste Anziehungskraft von allen anderen Planeten hat.

Das heißt, die Sonne zieht gegen sich die Erde mit dieser Anziehungskraft an, und im Gegenteil macht die Erde dasselbe, und schließlich fängt die Erde an, in ihrer Laufbahn eine Bewegung auszuüben. Sie haben jetzt mehr oder weniger in diesem Kapitel was über die Anziehungskraft gelesen. Ich verspreche Ihnen, dass Sie im Kapitel 2 mehr darüber informiert werden. Schließlich möchte ich gerne das Ganze zusammenfassen, das ich bis jetzt geschrieben habe. Das Beispiel mit Satelliten lässt am besten das Ganze erklären. Wir wissen genau, wofür wir einen Satelliten brauchen. Der Satellit ist zuerst physikalisch und mathematisch berechnet worden, bevor er nach oben gebracht worden ist. Uns ist klar, dass alles von Menschen berechnet wurde und nicht einfach so ein Satellit entstanden ist. Liebe Leute, überlegen wir uns mal, ob es so ist oder nicht. Denken Sie, dass die Sonne und die anderen Planeten einfach so durch die Natur entstanden sind? Denken Sie, dass die Masse der Planeten zufällig entstanden sind? Falls Sie für nein sind, dann stimme ich zu 100 Prozent zu. Falls Sie für ja sind, stimme ich ihnen zu null Prozent zu. Gemäß der Physik bin ich mir ziemlich sicher, dass zunächst alle Massen der Planeten, vor allem der Sonne, berechnet werden mussten, um eine Anziehungskraft zwischen ihnen geben zu können. Und dadurch, dass die Planeten sich bewegen, macht das viel für unsere Zeit aus. Was steckt hinter Bewegung und Zeit? Die Zeit und Bewegung wird im Kapitel 6 besser erklärt. Im Kapitel 6 werden wir sehen, was alles hinter Bewegung der Erde und Zeit steckt. Und können auch sehen, dass die Sonne gezielt aufgebaut worden ist. Jede Funktion der Sonne hat einen

Zusammenhang sowohl mit unserem Leben als auch mit unseren Planeten. Wenn die Sonne falsch berechnet worden wäre, dann hätte das ganze Sonnensystem nicht von Anfang an funktioniert, und somit würde es auch keine Menschen in diesem Universum geben.

Kapitel 2: Wieso haben wir eine Anziehungskraft?

Die Anziehungskraft ermöglicht uns hier auf der Erde, normal laufen zu können. Ohne Anziehungskraft wäre es für uns nicht möglich, hier auf die Erde normal laufen zu können. Zunächst soll aber hier Schritt für Schritt erklärt werden, wie die Anziehungskraft entstanden ist und wer die Anziehungskraft in diesem Universum entdeckt hat. Zuerst möchte ich mit der zweiten Frage beginnen, wer die Anziehungskraft in diesem Universum entdeckt hat. Es hat einmal einen Mathematiker und Physiker in diesem Universum gegeben, der Isaac Newton hieß. Im 16. Jahrhundert hat Isaac Newton festgestellt, dass es in diesem Universum eine Anziehungskraft gibt. Er hat gesagt, dass alle fallenden Körper unabhängig von ihrer Masse die gleiche Anziehungskraft haben. Wenn wir einen Stein aus sieben Metern Höhe fallen lassen, wird er vom Boden gleichmäßig angezogen, nämlich mit einer Beschleunigung von 9.82 m/s^2. Wenn Sie wissen möchten, mit was für einer Kraft eine Masse von der Erde angezogen wird, dann können Sie dies mithilfe der Isaac-Newton-Formel berechnen. Die Formel lautet: F= G * m1 * m2/r^2.

G ist die Gravitationskonstante 6,672*10^-20, m1 ist für die Masse 1 und m2 ist für die Masse 2. Als r wird der Radius zwischen m1 und m2 bezeichnet. F ist die Kraft, welche zwischen m1 und m1 entsteht. Wenn wir die Anziehungskraft zwischen Sonne und Erde berechnen möchten, dann können wir dies mithilfe dieser Formel berechnen.

Wenn Sie die Gravitationskraft noch nicht zu 100 Prozent verstanden haben, dann stellen Sie es sich so vor: Wenn es keine Anziehungskraft geben würde, dann hätten Sie nicht die Gelegenheit, normal auf der Erde zu laufen. Das wäre umgekehrt gewesen, nämlich Sie würden in der Luft stehen bleiben, und zwar die ganze Zeit. Die Meere würden nicht so sein, wie sie zurzeit sind. Vieles hätte sich verändert, wenn es hier in diesem Universum keine Gravitationskraft geben würde. Mit einem Wort kann man feststellen, dass das Leben für die Menschen unmöglich sein würde. So viel dazu. Nun soll hier auch erwähnt werden, dass die Anziehungskraft den Leuten das Leben in diesem Universum ermöglicht. Erinnern wir uns mal an die Sonne. Hier wurde ja festgestellt, dass die Sonne als Erstes in unserem Planetensystem entstanden ist. Wenn Sie sich fragen, wie kann es dann sein, dass die Erde als Erstes entstanden ist, wird diese Frage gleich mithilfe der Gravitationskraft erklärt. Wir wissen bereits, dass die Sonne am schwersten ist. Dadurch dass die Sonne am schwersten ist, übt sie eine Gravitationskraft aus. Dadurch dass diese Gravitationskraft von der Sonne ausgeübt wird, können die anderen Planeten in ihrer Umlaufbahn schön in einer Bewegung und in einem Kreis fixiert und konstant bleiben. Hier wurde das extra für Sie gezeichnet, damit Sie sehen können, wie die Sonne eine Gravitationskraft ausübt und wie dies in der Realität aussieht.

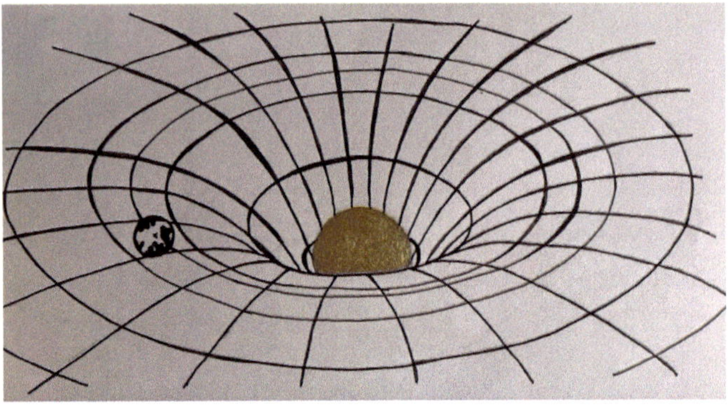

Abb. 1

Hier auf diesem Bild ist der Raum und die Gravitation zu sehen, welche von der Sonne ausgeübt wird. Die Sonne mit ihrer Masse übt sozusagen ein Loch aus, und um die Sonne herum befinden sich die anderen Planeten, welche einen bestimmten Abstand gegenüber der Sonne haben. Natürlich bilden auch die anderen Planeten ein solches Loch, nicht aber wie die Sonne, denn die Sonne hat eine viel höhere Masse als die anderen Planeten um sich.

Wie ist die Anziehungskraft beziehungsweise die Erdbeschleunigung entstanden: Wichtig ist aber dabei, dass die Erdbeschleunigung mit Zunahme der Höhe abnimmt. Dies kann man mithilfe einer Physikformel berechnen. Dies spielt eine ganz wichtige Rolle für die Zeit, worauf ich später eingehen werde. Wir nähern uns jedes Mal einen Schritt weiter dem Ziel. Nun, wir haben uns aber noch nicht gefragt, wie die Anziehungskraft aussieht. Hierbei muss ich Ihnen leider sagen, dass die Anziehungskraft unsichtbar ist. Man kann sie mit Augen nicht sehen, aber man kann sie fühlen und spüren. Wenn Sie einen fragen, der Physik studiert hat, wird er Ihnen sagen, dass die Anziehungskraft zu 100 Prozent existiert. Unglücklicherweise gibt es hier in diesem Universum Leute, die eben nicht an Anziehungskraft glauben. Und wenn man bei ihnen nachfragt, wieso sie denken, dass es keine Anziehungskraft gibt, dann können sie die Frage nicht beantworten, sie begründen es irgendwie anders, aber das stimmt eben nicht mit der Realität überein. Was ich dazu versuche zu sagen, ist, dass wir immer noch ähnliche Probleme haben, die sich aber auf andere Themen beziehen. Und immer wieder sage ich Ihnen, dass Physik die Realität des Universums ist. Wieso, weil wir mit den Berechnungen im Fach Physik die Realität beweisen können.

Kapitel 3: Wieso ist die Sonne schwerer als die Erde?

Nun, das Ziel in diesem Kapitel ist, zu verstehen, was alles hinter Erde und Sonne steckt. In diesem Fall wurde mehrmals gesagt, dass die Sonne für alle anderen Planeten zuständig ist. Beziehungsweise sie steuert die anderen Planeten, so dass es ein Leben und eine Rotation gibt. Zunächst sollen wir verstehen, was hierbei alles passieren könnte, wenn die Erde schwerer als die Sonne wäre. Die Antwort hierfür lautet, dass dies keinen Sinn machen würde. Wenn die Erde schwerer als die Sonne gewesen wäre, dann hätte nichts funktionieren können. Mit einem Wort: Es würde kein Leben geben. Wieso würde es kein Leben geben? Nun dies wird gleich erklärt. Erstmal steht die Erde nicht als Mittelpunkt, so wie es die Sonne ist. Das andere ist, dass die Erde keine Energie freisetzen kann, weil dies bereits die Sonne macht. Nun möchte ich gerne darauf kommen, die Frage Schritt für Schritt zu beantworten. Dadurch dass die Sonne schwerer als die Erde ist, macht dies nicht nur für unsere Erde Sinn, sondern auch für unsere Nachbar-Planeten. Sie haben bereits erfahren, dass die Sonne eine Gravitationskraft ausübt, und deshalb gibt es eine Anziehungskraft zwischen Sonne und allen anderen Planeten, was schließlich als eine Rotationsbewegung bezeichnet wird. Damit dies passieren kann, muss es ja logisch sein, dass die Sonne schwerer nicht nur als die Erde, sondern auch als die anderen Planeten ist.

Wir haben uns aber vielleicht noch nie gefragt, wieso hat die Sonne eine bestimmte Masse. Zuerst soll hier ein Beispiel gebracht werden, bevor ich mit der ersten Frage beginne. Ich nehme mal an, ich möchte an einem Projekt arbeiten, wo die Kohlenstoffdioxide in einen anderen Bereich umgewandelt werden, wo kein prozentualer Anteil mehr von Kohlenstoffdioxid freigesetzt wird. Um dieses Projekt in der Realität passieren lassen zu können, muss ich zuerst eine Überlegung darüber machen, wie dieses Projekt in der Wirklichkeit funktioniert. Dann muss ich alles berechnen, was ich dafür benötige. Und schließlich wird geprüft, ob dieses Projekt funktionieren kann oder nicht. Wie Sie hier aber sehen können, bin ich in diesem Fall für dieses Projekt zuständig. Nun, es gibt einen wunderschönen Spruch: Von nichts kommt nichts, und von nichts kann die Energie nicht entstehen. Nun überlegen wir uns doch mal, könnte die Masse der Sonne einfach so von ungefähr entstehen. Natürlich nicht, natürlich war und ist irgendjemand dafür zuständig. Es ist unwahrscheinlicher und unmöglich, dass die Sonne von alleine so mit einer bestimmten Masse entstanden ist. Und wissen Sie wieso? Wenn die Sonne diese bestimmte Masse nicht haben würde, dann wäre etwas ganz anderes passiert. Ich mache noch ein paar Beispiele dazu, damit man es besser nachvollziehen kann.

Was könnte alles passieren, wenn die Sonne schwerer oder leichter wäre? Wäre ein Leben für alle Individuen möglich gewesen, und was wäre alles mit unserem Planeten und unseren Nachbarn-Planeten passiert? In diesem Fall, wenn die Sonne schwerer wäre, dann würde sie auch ein größeres Volumen haben. Und hier wurde schon erwähnt, dass die Sonne mit dieser momentanen Masse so stark gegen sich anzieht. Und wenn die Sonne noch schwerer wäre, dann würde die Sonne etwas kräftiger gegen sich anziehen. Und je näher wir uns der Sonne nähern, umso gefährlicher würde das für uns und für unser Universum sein. Die Sonne besitzt eine sehr hohe Temperatur. Was könnte alles passieren, wenn wir uns etwas näher zur Sonne befinden würden? Ganz sicher, wir würden dann eine höhere Temperatur von der Sonne erhalten. Es kommt natürlich sehr darauf an, wie viel näher wir uns an der Sonne befinden würden. Mit einem Wort: Wenn sich die Temperatur hier in unserem Universum etwas mehr erhöhen würde, dann wäre in diesem Universum kein Leben mehr möglich gewesen. Zum einen würden die Meere und Flüsse verdampfen. Die Wälder würden zu einer Verbrennung kommen, und es wäre nur Feuer zu sehen, und keinem würde die Gelegenheit gegeben, in diesem Universum weiterhin zu leben. Falls hier in diesem Beispiel was unklar ist, dann empfehle ich jedem das Gesetz der Gravitationskraft.

Wir können gerne ein Beispiel hierfür machen. Wie die Wissenschaftler festgestellt haben, beträgt der Abstand zwischen Sonne und Erde 149 Millionen Kilometer. Mit dem Gravitationsgesetz können Sie die jetzige Kraft berechnen: F = G * m1 * m2 / r^2. Die Masse der Sonne beträgt 1.989*10^30 kg und die Masse der Erde beträgt 5.972*10^24 kg. Die Gravitationskonstante ist G = 6.67430*10^-11 N*m^2/kg^2. Nun können Sie alle diese gegebenen Werte in die Formel einsetzen, und schließlich werden Sie die Gravitationskraft als Ergebnis erhalten. Das Ergebnis ist für die momentane Anziehungskraft zwischen Sonne und Erde zuständig. Was wäre, wenn die Sonne ein halb mehr schwerer wäre als so, wie es momentan ist? Setzen Sie nochmals diese neue Masse ein und schauen Sie, was Sie für ein Ergebnis erhalten werden. Sie werden feststellen, dass in dem zweiten Beispiel die Erde stärker von der Sonne angezogen wird. Und wenn sie stärker angezogen wird, dann wird natürlich auch der Abstand zwischen Sonne und Erde niedriger sein. Und wenn der Abstand niedriger wird, dann wird die Temperatur in unserem Universum etwas höher, was uns nicht die Gelegenheit geben würde, in diesem Universum weiterhin leben zu können.

Nun fragen wir uns mal, was passiert, wenn die Sonne eine niedrigere Masse haben würde, als wie sie es momentan hat. Dann würde ein anderes Problem auftreten, welches als ein ganz seriöses Problem bezeichnet würde. Wir wissen schon, dass die Erde sich um ihre Radius-Umlaufbahn herum dreht. Sie kann sich um die Sonne drehen, weil sich zwischen Erde und Sonne die Anziehungskraft befindet. Nun, diese momentane Kraft ist für die momentane Bewegung der Erde zuständig. Jetzt stellt sich die Frage, was würde denn passieren, wenn die Sonne leichter wäre, als sie momentan ist. Als Erstes sollen wir uns visuell das Ganze vorstellen. Wenn die Sonne eine niedrige Masse haben würde, dann wäre die Anziehungskraft zwischen Sonne und Erde etwas niedriger, somit wäre auch der Abstand zwischen Sonne und Erde etwas größer. Nun fragen wir uns mal, was könnte alles passieren, wenn der Abstand zwischen Sonne und Erde etwas größer wäre. In diesem Fall würde die Sonne nicht nur die Erde, sondern auch die anderen Planeten nicht mit dieser momentanen Kraft gegen sich anziehen, dann wären die Planeten nicht mehr in ihrer Laufbahn, sondern sie würden eine andere Richtung nehmen. Fragen Sie sich lieber nicht, was würde dann passieren, wenn die Planeten beziehungsweise unsere Erde eine andere Richtung nehmen würde. Wie Sie hier sehen können, ist die Masse der Sonne nicht von alleine berechnet und aufgebaut worden. Dahinter steckt noch viel mehr, was eben von sich alleine entstanden ist.

Im Kapitel 5 wird mehr über dieses Thema diskutiert und erklärt, was wirklich noch dahintersteckt. Von Anfang an wurde hier gesagt, dass das Sonnensystem als ein Ziel aufgebaut worden ist. Alle diese komplexen Dinge, die eben jeder spezifisch für irgendetwas verantwortlich sind, sind als ein Ziel zusammengebaut. Wenn es hier kein Ziel geben würde, dann würde nicht alles genau berechnet und zusammengebaut, so dass am Schluss alles funktioniert. Was ich dazu sagen möchte, wird mehr oder weniger erst im Kapitel 8 aufgeklärt, und viele Beispiele bezüglich dieses Themas gebracht.

Kapitel 4: Was steckt hinter der Masse und Anziehungskraft?

Als Erstes soll hier die Masse erklärt werden und was genau dahintersteckt. Eine Masse ist nichts anders als das Gewicht eines Körpers. Als Beispiel: Ich wiege 87 kg, das ist meine Masse, welche ich habe. Nun, wenn ich herausfinden möchte, mit welcher Anziehungskraft ich von der Erde angezogen werde, kann ich dies mithilfe des Gravitationsgesetzes berechnen. Vielleicht kennen Sie das auch, oder ich gehe mal davon aus, dass Sie einmal auf den Boden gestürzt sind. Dies passiert aufgrund der Anziehungskraft der Erde. Die Erde hat ja logischerweise eine viel höhere Masse als alles, was sich in diesem Universum befindet. Dadurch dass die Erde schwerer ist, kann sie uns und alle anderen Körper gegen sich kräftig anziehen. Nun, wir sollen uns enorm freuen, dass eine Anziehungskraft in diesem Universum stattfindet, denn wie schon erläutert wurde, ohne Anziehungskraft würde das Leben der Menschen unmöglich sein. Nun, hierzu muss auch gesagt werden, dass nicht nur die Erde die Einzige ist, die Anziehungskraft ausübt. Natürlich nicht nur die Sonne, sondern auch die anderen Planeten üben eine solche Anziehungskraft aus. Hierbei ist es aber wichtig zu verstehen, dass die Masse der Gravitation eine wichtige Rolle dabei spielt. Je höher die Masse, umso größer wird dort die Anziehungskraft sein. Zum Beispiel hat die Sonne eine viel höhere Anziehungskraft als die Erde, wohingegen der Mond eine niedrigere Anziehungskraft als die Erde hat.

Nun, da stellt sich die Frage, wieso wir uns in diesem Universum befinden und nicht auf den Mond. Oder wieso befinden wir uns in diesem Universum statt auf einem anderen Planeten? Zuerst mal können wir sehen, dass es in diesem wunderschönen Universum, in dem wir uns gerade befinden, auch andere Lebewesen gibt, die mit uns zusammenleben. Bitte merken Sie sich diesen Satz, welchen ich gerade erwähnte. Die meisten der Leute können es nicht nachvollziehen, dass dieses Universum nicht nur uns Menschen gehört. Wir leben gemeinsam mit wunderschönen Tieren, Pflanzen, Meeren, Flüssen, Bergen usw. Zum Glück können die Tiere nicht sprechen, sonst hätten sie uns einiges gesagt, womit wir aufhören müssen, wenn wir in diesem Universum in der Zukunft weiterhin leben wollen. Das ist aber eine Diskussion, wozu ich jetzt nichts mehr sagen möchte. Wozu ich aber gerne kommen möchte, ist, dass in diesem Universum alles geplant worden ist, bevor die Menschen entstanden sind. Hätte irgendjemand hier in diesem Universum leben können, ohne dass es hier Sauerstoff geben würde? Natürlich lautet die Antwort hierzu: Nein, es wäre unmöglich. Wäre uns das Leben hier möglich, wenn es hier keine Meere und Pflanzen geben würde? Nochmals lautet die Antwort nein. Falls Sie sich fragen, wieso wollen wir aber auf den Mars, wenn es dort keinen Sauerstoff gibt, lautet die Antwort: Heutzutage gibt es verschiedene Techniken, mit denen man auf dem Mars Sauerstoff herstellen könnte. Nun, ich möchte aber gerne zurück zu meiner Frage kommen. Das Ziel ist schon geplant, dass von Anfang an nur in diesem Universum, in dem wir uns gerade befinden, das Leben der Menschen möglich sein wird. Es war alles für uns bereitgestellt, bevor hier in diesem Universum die ersten Personen entstanden. Falls Sie sich fragen, ob ich Biologie gerne gehabt habe, dann beantworte ich Ihnen gerne diese Frage. Ich habe das Fach Biologie sehr interessant gefunden, so wie alle anderen Fächer. Ich konnte und kann aber nicht alles glauben, was im Buch Biologie aufgeklärt ist. Dies betrifft nur das Thema, wie die Menschen entstanden sind. Wir sollen uns nochmals von Anfang an überlegen, wie das Sonnensystem entstanden ist. Es fing alles als ein Ziel an. Um das erreichen zu können, musste zuallererst die Sonne entstehen. Als die Sonne entstanden ist, wurde das Leben eines Menschen in diesem Universum möglich. Damit Menschen in diesem Universum leben können, musste es zuerst Sauerstoff geben. Damit Menschen in diesem Universum leben können, musste es eine Anziehungskraft geben. Damit Menschen in diesem Universum leben können, musste der Abstand zwischen Sonne und Erde übereinstimmen. Denken Sie, dass das Ganze einfach so von ungefähr und von sich selbst entstanden ist? Auf keinen Fall. Die Physik sagt uns, dass so was nicht einfach so von allein entstanden ist. Worauf ich kommen möchte, werden Sie im Kapitel 8 erfahren.

Nun, wie ist und warum gibt es eine Anziehungskraft in diesem Universum? Wie wir bereits wissen, übt die Masse der Planeten eine Anziehungskraft aus. Ab jetzt wird das Geheimnis zwischen Raum und Zeit gezeigt.

Das Planetensystem befindet sich in einem Raum, in diesem Raum wird von jedem Planeten eine Anziehungskraft ausgeübt. Und je höher die Masse eines Planeten ist, umso größer wird die Anziehungskraft sein. Als die Erde entstanden ist, gab es diese Anziehungskraft. Wir wissen, dass die Erde sich in eigener Rotationsachse bewegt. Jedes Mal und jede Zeit wird diese Anziehungskraft ausgeübt. Nun, wie sieht eigentlich dieser Raum aus, und wie wissen wir, dass die Erde in einem Raum diese Anziehungskraft ausübt? Dies möchte ich Ihnen anhand eines Fotos präsentieren, damit Sie wissen, was ich damit genau meine.

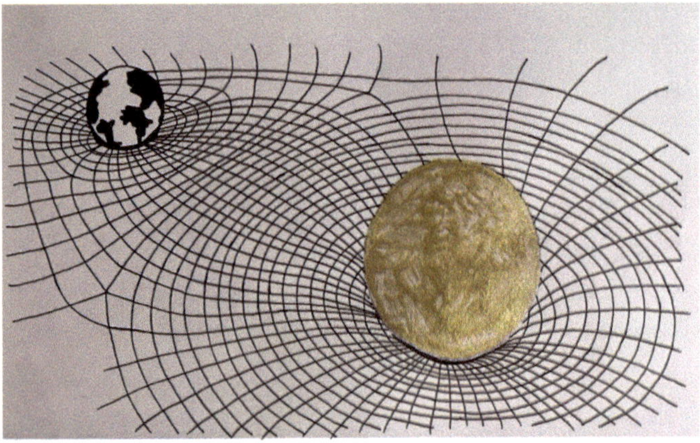

Wie Sie auf diesem Bild sehen können, befinden wir uns in einem Loch. Wenn wir draußen auf dem Boden sind, wird dies als die tiefste Grundfläche der Erde für uns bezeichnet. Je höher wir uns in diesem Universum befinden, umso mehr gehen wir aus diesem Loch weg. Wenn wir uns im zehnten Stock in einer Wohnung befinden, und wir einen Körper fallen lassen, ist dieses Loch dafür zuständig, die Masse beziehungsweise den Körper nach unten anzuziehen. Nun, hierbei möchte ich noch gerne den Raum aufzeichnen, wie er in die Realität aussieht.

Abb. 2

Wie Sie es hier auf dem gezeichneten Bild sehen können, wird dies als eine Anziehungskraft bezeichnet. Diese Anziehungskraft wird auch in den anderen Planeten ausgeübt. Wie schon gesagt, die Anziehungskraft hängt sehr stark von der Masse ab. Zum Beispiel ist auf dem Mond die Anziehungskraft niedriger, weil der Mond eine niedrige Masse hat. Das heißt, wenn wir auf den Mond laufen würden, dann wären unsere Schritte viel größer als hier, wo wir uns gerade befinden. Jetzt stellt sich die Frage, was wäre mit einer Person, falls diese sich auf dem Mars befindet und diese dort stürzt. Wir können feststellen, dass die Person nicht so stark verletzt werden kann wie hier auf unserer Erde. Das liegt eben daran, dass die Erdanziehungskraft schwerer ist und damit eine höhere Anziehungskraft ausübt.

Kapitel 5: Der Radius zwischen Erde und Sonne

Nun, in diesem Kapitel wird mithilfe der Physik der Abstand zwischen Erde und Sonne geklärt. Ich habe in den letzten Kapiteln über dieses Thema mehr oder weniger einiges gesagt. Ich erwähne es hier nochmal, dass der Abstand zwischen Sonne und Erde nicht von ungefähr entstanden ist. Der Abstand besitzt eine Zahl, mit der alle anderen Dinge problemlos funktionieren, die zwischen Sonne und Erde entstehen. Ein Beispiel dafür wäre die gewünschte Temperatur, die wir von der Sonne erhalten. Wir erhalten eine Temperatur von der Sonne, welche unsere Körper aushalten können. Wenn die Sonne etwas näher an uns gewesen wäre, dann würden wir eine höhere Temperatur von der Sonne erhalten. Und das ist nicht das Ziel, sonst würden wir ja nicht in diesem Universum existieren. Das Ziel war von Anfang an ganz klar, dass in diesem Universum Leute leben werden. Und damit die Menschen hier leben können, musste zuerst alles berechnet werden, bevor sie hier in dieses Universum gekommen sind. Wenn Sie sich fragen, wie ich darauf gekommen bin, dann beantworte ich Ihnen die Frage direkt. Überlegen wir zuerst nochmals von Anfang an: Um eine Gravitationskraft geben zu können, musste zunächst eine Masse im Mittelpunkt sein, die viel schwerer als die andere Masse sein muss, um die Rotationsachse jedes Planeten passieren zu können. In diesem Fall die Sonne als Mittelpunkt und die Erde als anderer Planet, der sich um die Sonne mit einer Geschwindigkeit dreht. Als Nächstes, wenn die Erde keine Geschwindigkeit haben würde, dann hätte die Sonne gegen sich angezogen, wegen ihrer viel größeren Masse, welche die Sonne bereits besitzt. Als Nächstes gibt es Licht und Wärmenergie, welche von der Sonne freigesetzt wird. Die Energie wird sowohl von Menschen als auch für die Planeten als Nutzenergie bezeichnet. Diese Dinge, die ich hier erwähnt habe, werden als Hilfsmittel bezeichnet, um das größte Ziel erreichen zu können. Das Hauptziel ist, ein Leben für den Menschen zu erschaffen. Deshalb kann man hier sagen, dass alles Physik ist. Ohne Physik hätte das Sonnensystem nicht entstehen können. Bitte verstehen Sie mich in diesem Fall nicht falsch. Ich sehe es nicht so, dass Physik unser Gott ist, sondern mithilfe der Physik wurde das Leben der Menschen ermöglicht beziehungsweise erschaffen. Wir nennen es Physik, aber vielleicht wird es in der Realität anders genannt. Ich meine damit, dass wir Menschen das Fach Physik »Physik« nennen, und vielleicht in der Realität wird dies anders bezeichnet, und so was ist aber noch unbekannt. Wenn hier der Radius zwischen der Sonne und der Erde erklärt wird, dann spricht man auch für die Anziehungskraft, welche dazwischen stattfindet. Natürlich gilt die Anziehungskraft nicht nur für unser Planetensystem, sondern auch für viele andere Dinge, die wir im Alltag sehen.

Zum Beispiel können wir auch die Anziehungskraft zwischen zwei Personen berechnen. Wir können es mithilfe des Gravitationsgesetzes herausfinden, was für eine Anziehungskraft zwischen zwei Personen ausgeübt wird.

Wie Sie hier sehen können, hängt in diesem Universum mehr oder weniger unser Leben sehr stark von der Anziehungskraft ab. Nun, der Abstand hat auch einen Zusammenhang mit Lichtgeschwindigkeit. Wie wir schon wissen, ist in diesem Universum nichts schneller als Licht. Wie wir ebenfalls schon wissen, muss hier in diesem Universum zuerst die Lichtenergie als Lichtwellen zu uns gelangen, damit es hier hell werden kann. Man kann mithilfe einer Formel die Lichtgeschwindigkeit und die Zeit berechnen. Beziehungsweise wenn wir wissen möchten, wie lange wird es dauern, bis wann das Licht von der Sonne bei uns ankommt, dann können wir das gerne mit dieser Formel berechnen: Also im Vakuum beträgt die Lichtgeschwindigkeit 300 000 km/s. Nun, wenn wir es in m/s einsetzen, dann kommt so was heraus: 3*10^9 m/s.

Um in diesem Fall die Ausbreitung des Lichtes berechnen zu können, benötigen wir diese Formel: s = v * t. Als Nächstes sollen wir t betrachten. Das heißt, wir müssen nach t die Formel umwandeln. Dann erhalten wir t = s/v. Gemäß dem Buch ist der mittlere Abstand zwischen Sonne und Erde 150 Mio. Kilometer.

Wir setzen alle diese Angaben ein, und schließlich werden wir das Ergebnis erhalten. 150 000 000 km / 300 000 km/s = 500 Sekunden. 500 Sekunden / 60 = 8 Minuten. Es braucht 8 Minuten, bis Licht auf unserer Erde ankommt. Was ich damit sagen möchte, ist, dass alles vorgeplant worden ist, bevor das ganze Sonnensystem entstanden ist. Theoretisch gesehen, es ist alles präzis berechnet worden, um das Leben der Menschen ermöglichen zu können. Sehr wahrscheinlich fragen Sie sich, wovon überhaupt die Rede ist. Beziehungsweise wie und wer hat diese ganze Berechnung des Universums erledigt, damit das Ganze auch praktisch funktionieren kann. Alle diese Fragen, die ich noch nicht direkt beantwortet habe, werde ich im Kapitel 8 Schritt für Schritt erklären. Bis Kapitel 6 habe ich versucht, physikalisch zu erklären, wie das ganze Sonnensystem mithilfe der Physik entstanden ist. Man kann es tatsächlich sehen, dass Physik die komplexesten Dinge lösen kann. Man hat ja bisher beziehungsweise bis zu diesem Kapitel sehen können, dass die physikalischen Formeln stark von unserem Sonnensystem abhängig sind. Und bis jetzt wurde auch klar das Ziel des Universums aufgeklärt. Ich habe oftmals gesagt, dass die Sonne stark von uns betrachtet werden soll, um das Ziel des Universums besser verstehen zu können. Nun, bis jetzt ist nur bewiesen worden, dass die Sonne und die anderen Planeten nicht von alleine entstanden sind.

Kapitel 6: Wieso vergeht die Zeit in der Höhe schneller?

Als Erstes soll hier erwähnt werden, dass die Zeit möglichst viel ausgenützt werden soll. Die Zeit hat eine konstante Geschwindigkeit, und nur eine Richtung. Was ich damit meine, ist, dass man die Zeit nicht zurücksetzen kann. Unter einer Richtung versteht man die Richtung der Zeit. Die Zeit hat eine Richtung, in der sich diese nur nach vorne fortbewegt. Deshalb kann die Zeit nicht zurückgesetzt werden. Ein Zitat, das ich sehr mag, ist von William Shakespare. Er hat gesagt: »What's done cannot be undone.« Darunter versteht man, dass alles, was gemacht worden ist, unmöglich wieder zurückgesetzt werden kann. Und die Zeit bezieht sich stark auf dieses Zitat. Nun zurück zum Thema Zeit. Haben Sie sich gefragt, wann die Zeit geboren ist, oder ist die Zeit in einer Form wie Individuen, aber unsichtbar. Das ist eine Frage, die unterschiedlich von jedem beantwortet wird. Meiner Meinung nach ist die Zeit gleichzeitig mit dem Sonnensystem geboren. Die Zeit existiert, aber ist unsichtbar. Man kann die Zeit indirekt sehen, und man kann auch sagen, dass die Zeit lebt. Die Zeit lebt und hat eine Geschwindigkeit, welche von diesem Universum abhängig ist. Interessant ist dabei, dass die Zeit nie schläft, und die Zeit macht nie eine Pause. Sie befindet sich in einer Bewegung mit gleicher Geschwindigkeit. Solange es in diesem Universum Menschen gibt, wird die Zeit für uns Menschen existieren.

Als Nächstes soll hier gesagt werden, dass wir uns auf diesem Planet in einem Koordinatensystem befinden. In diesem Koordinatensystem aufgrund der Masse der Erde ist ein Raum ausgeübt, welcher in einem Loch stattfindet. Wenn die Erde in einem Loch ist, dann müssten wir auch dort sein. Und Sie wissen jetzt auch, dass aufgrund dessen die Anziehungskraft ebenso entstanden ist. Dadurch dass die Erde in einem Loch stattfindet, ist sowohl die Zeit als auch die Gravitation im tiefsten Punkt gepresst. Die Zeit, die hier im tiefsten Punkt gepresst ist, hängt von Geschwindigkeit sehr stark ab. Und die Anziehungskraft hängt sehr stark von der Höhe ab. Nun, zuerst muss die erste Frage beantwortet werden, wieso die Zeit hier im tiefsten Punkt stark von Geschwindigkeit abhängig ist. Ich mache mal ein Beispiel hierzu. Ich persönlich bin ein Mensch, der immer versucht, pünktlich zu sein. Es war an einem Samstagmorgen, an dem ich auf dem Weg zur Arbeit war. Ich musste schon um sechs Uhr morgens an dem Tag bei der Arbeit sein. Ich hatte aber unglücklicherweise kein Ticket für den Bus gehabt. Dann habe ich mich entschieden, bis dorthin zu Fuß zu gehen. Es sind vier Bus-Stationen von meinem Zuhause bis dorthin, wo ich an diesem Tag gearbeitet habe. Als ich mich fürs Laufen bis dorthin entschieden habe, habe ich mir zuerst überlegt: Wenn ich 10 oder 15 Minuten früher am Ziel sein möchte, dann muss ich etwas schneller laufen. Wenn ich aber um Punkt sechs auf der Arbeit sein möchte, dann muss ich langsamer laufen.

Wie Sie sehen können, ist die Zeit doch stark von Geschwindigkeit abhängig. Denn wenn ich langsamer gelaufen wäre, wäre die Zeit schneller vergangen. Ich bin aber etwas schneller gelaufen, so dass die Zeit langsamer vergeht und ich dort etwas früher sein werde. Nun, da stellt sich tatsächlich die Frage: Wieso ist das so, wenn die Zeit gepresst ist? Die Zeit ist für alle gepresst und hat eine konstante Geschwindigkeit, wenn wir uns nicht in einer Geschwindigkeit befinden. Unter pressen versteht man die Zeit, die gleichmäßig am tiefsten Punkt in diesem Universum vergeht. Nun, da kommt schon die nächste Frage, nämlich: Wieso geht die Zeit langsamer, wenn wir uns zum Beispiel in einem Auto befinden, in dem eine höhere Geschwindigkeit ausgeübt wird? Als Erstes möchte ich ein Beispiel dazu bringen, damit Sie sehen können, dass in diesem Fall die Energie eine wichtige Rolle spielt. Stellen wir uns mal vor, wir befinden uns auf einer Steigung, auf der wir laufen müssen, um ans Ziel gehen zu können. Gemäß der Physik braucht man mehr Energie, um auf dieser Steigung laufen zu können, als wenn wir auf einer geraden Straße laufen, in der die Steigung null beträgt. In diesem Fall heißt es, dass wir mehr Energie für die Steigung brauchen. Wenn wir mehr Energie brauchen, dann wird unsere Laufgeschwindigkeit etwas langsamer sein, als ob wir auf einer Straße laufen, wofür wir keine solche Energie brauchen, wie bei einer Steigung, und somit wird auch die Laufgeschwindigkeit schneller sein und auf diese Weise wird dann auch die Zeit langsamer vergehen.

Wenn aber die Geschwindigkeit gleichmäßig ist, dann wird dies keinen Zusammenhang sowohl mit der Energie als auch mit der Geschwindigkeit der Zeit haben.

Nun, da muss jetzt klar und verständlich erklärt werden, was alles hinter Geschwindigkeit und Zeit steckt. Bevor ich diese Frage beantworte, muss zuerst stark die Lichtgeschwindigkeit betrachtet werden. Wie wir schon wissen, besitzt die Lichtgeschwindigkeit eine sehr hohe Geschwindigkeit. Die Lichtgeschwindigkeit liegt bei 299 792 458 m/s. Das ist wirklich eine sehr große Zahl, und eine sehr hohe Geschwindigkeit. Ich möchte gerne nochmals ein Beispiel hierzu bringen, welches mit Lichtgeschwindigkeit und Zeit einen Zusammenhang hat. Nehmen wir mal an, Sie fahren ein Auto mit einer Geschwindigkeit von 120 km/h. Wenn Sie die Zeit betrachten, werden Sie feststellen, dass die Zeit mit dieser Geschwindigkeit viel langsamer vergeht, als wenn Sie das Auto mit einer Geschwindigkeit von 50 km/h fahren würden. In der Physik ist festgestellt, dass die Zeit langsamer geht, wenn die Geschwindigkeit höher ist. Nun, was ist, wenn man sich die Frage stellt, wie schnell würde dann die Zeit vergehen, wenn wir die Zeit und die Geschwindigkeit mit der Lichtgeschwindigkeit vergleichen würden. Ganz einfach, die Zeit würde dann so langsam vergehen, dass sich wirklich ein Tag wie 100 Tage anfühlen würde. Ich habe hier nur ungefähr 100 Tage gesagt, nur dass Sie nachvollziehen können, was genau hinter Lichtgeschwindigkeit und Zeit steckt.

Wieso ist es aber so, beziehungsweise wieso vergeht die Zeit schneller bei höher Geschwindigkeit? Das ist eine Frage, die ich logisch beantworten werde. Das Ganze bezieht sich auf die Anziehungskraft der Erde. Wie schon am Anfang gesagt wurde, befinden wir uns sowohl in einem Raum als auch in einem Loch, solange wir auf der Erde sind. Diesen Satz dürfen wir nicht mit der Höhe verwechseln. Was meine ich damit? Damit meine ich, dass je höher wir uns auf diesem Planeten befinden, umso geringer wird die Anziehungskraft der Erde sein. Nun zurück zur Frage. Ich habe gesagt, dass das, wo wir uns gerade befinden, als ein Loch bezeichnet wird. In diesem Loch ist die Zeit gepresst. Wenn die Zeit gepresst ist, heißt dies, dass die Zeit eine konstante Geschwindigkeit hat. Das ist mal verständlich erklärt. Als Nächstes soll die Geschwindigkeit betrachtet werden. Wir wissen jetzt, dass die Zeit eine gleichmäßige Geschwindigkeit hat, bis es nicht mit der Geschwindigkeit einen Zusammenhang hat. Das heißt, wenn wir stehen bleiben, werden wir eine Geschwindigkeit von 0 km/h haben. Bei 0 km/h wird die Zeit eine gleichmäßige Geschwindigkeit haben. Diese Geschwindigkeit der Zeit bei 0 km/h ist durch die Natur entstanden. Sobald wir eine Geschwindigkeit von 0 km/h – unendliche Geschwindigkeit – haben, werden wir bei einer bestimmten Geschwindigkeit bemerken, dass die Zeit langsamer vergehen wird. Das liegt daran, dass wir eine höhere Geschwindigkeit haben als die Geschwindigkeit, welche die Zeit besitzt. Eine Frage kann ich momentan nicht beantworten, nämlich was für eine konstante oder gleichmäßige Geschwindigkeit besitzt die Zeit. Das ist eine Frage, welche ich in diesem Buch nicht beantworten werde. Es soll Ihnen auch klar sein, dass es nicht dieselbe Geschwindigkeit der Zeit mit Zunahme der Höhe ist. Je weiter höher wir uns Richtung Himmel befinden, umso höher wird die Geschwindigkeit der Zeit sein. Das ist wegen der Anziehungskraft der Erde so. Wie vergeht dann die Zeit der Astronauten? Wo sich der Satellit befindet, gibt es kaum Anziehungskraft. Dadurch dass es dort keine Anziehungskraft gibt, ist die Zeit nicht gepresst. Dadurch dass die Zeit nicht gepresst ist, hat die Zeit dort auch eine höhere Geschwindigkeit als hier, wo wir uns gerade befinden.

Nun, jetzt stellt sich die Frage, wieso die Zeit schneller in den Bergen vergeht. Diese Frage lässt sich mithilfe des Gravitationsgesetzes erklären. Uns ist klar, dass es auf den Bergen eine Höhe gibt. Diese Höhe bezieht sich auf Raum und Zeit. Mit einem Wort: Je höher wir uns befinden, desto mehr ist die Zeit ausgedehnt. Und diese Ausdehnung führt dazu, die Freiheit der Zeit zu geben. Schließlich muss hier auch gesagt werden, dass die Zeit auch ein Ziel der Sonne und des ganzen Universums ist. Es ist sehr interessant zu wissen, wie genau alles in diesem Universum berechnet wurde. Zum Beispiel ist die Geschwindigkeit der Erde berechnet, welche Tag und Nacht bestimmt. Mit dieser Erdgeschwindigkeit ist auch die Zeit bestimmt. Die Erdgeschwindigkeit ist so berechnet, dass wir Menschen nicht bemerken, dass die Erde sich dreht. Wir Menschen sind leider unfähig, alles zu sehen, was es in diesem Universum gibt. Denn es könnte sein, dass die Zeit sichtbar ist. Dadurch aber, dass die Zeit winzig klein ist, kann man sie mit den Augen gar nicht sehen. Es könnte sein, dass die Zeit eine Form von Zahlen ist. Um dies nachvollziehen zu können, möchte ich ein Beispiel anhand von Molekülen machen. Wie wir heutzutage bereits aus der Chemie wissen, sind die Elemente beziehungsweise die Moleküle sehr klein. Die sind so klein, dass man sie mit den Augen nicht sehen kann. Nun, die Moleküle sind so klein, aber sie haben in diesem Universum eine große Auswirkung. Ich werde die Zeit kurz am Ende des Buches nochmals anhand der Quantenphysik etwas genauer erklären.

Wenn die Frage sich hier stellt, ob wirklich die Zeit existiert oder ob die Zeit sichtbar ist, dann könnte ich dies mithilfe der Physik erklären. Ich habe ganz am Anfang dieser Kapitel gesagt, dass die Zeit wegen der Gravitationskraft gepresst ist. Und wir wissen jetzt, dass die Zeit manchmal langsamer und manchmal schneller vergeht. Im All wurde festgestellt, dass dort die Zeit schneller vergeht als da, wo wir sind. Das heißt, dass Zeit existiert, aber in einer anderen Form. Wir wissen, dass es auch einen Raum in allen Planeten gibt. Dieser Raum ist nicht sichtbar, aber in der Realität existiert er. Genau dasselbe ist auch mit unserer Zeit. Die Zeit existiert, aber in einer anderen Form.

Kapitel 7: Sind Menschen programmiert?

Wer sind Menschen, und wie sind sie entstanden? Als Erstes sollen Sie verstehen, dass unser Sonnensystem uns das Leben ermöglicht hat. Vom ersten Kapitel bis jetzt, alles, was gesagt worden ist, bezieht sich auch auf Menschen. Denn ohne Physik und Mathematik würde es kein Universum beziehungsweise keine Galaxie geben, wo wir uns gerade befinden. Logischerweise würde es ohne Mathematik und ohne Physik ebenso keine Menschen geben. Nun, es muss hier aber auch gesagt werden, dass auch Chemie und Biologie sowohl für Menschen als auch für das Universum zuständig sind. Als Erstes soll die Entstehung eines Kindes verstanden werden. Beziehungsweise wie entsteht ein Kind und wie kann dadurch das Wachstum der Menschen zunehmen. Im Fach Biologie habe ich schon in der Schule gelernt, wie genau ein Kind beziehungsweise wie ein Mensch entsteht. Ich möchte hier nicht diesen Prozess erklären, weil er nicht für das Ziel relevant ist, das ich tatsächlich erklären möchte. Es sind nur ein paar Beispiele davon relevant, welche ich gerade hier erwähnen werde. Wir wissen es schon, dass die Funktion unseres Körpers etwas ganz Komplexes ist. Zu diesem Anlass muss nur das Gehirn des Menschen betrachtet werden. Betrachten wir zuerst ein Kind, welches frisch geboren ist. Als Erstes sehen wir ein Kind, welches fast die ganze Zeit nur weint. Er kann ganz am Anfang kaum die Augen aufmachen.

Das Kind kann unter Vernachlässigung einer Krankheit am Anfang an nicht sprechen, aber schon hören. Das heißt, dass das Kind aus allen Organen besteht, welche relevant sind, um ihm oder ihr das Leben in diesem Universum ermöglichen zu können. Das menschliche Gehirn besteht aus verschiedenen Lappen, welche zuständig sind für präzise Aufgaben. Was aber bei einem Kind zu betrachten ist, dass es schnell erschrecken kann und schließlich anfängt zu weinen. Dieser Lappen, der zuständig für Angst ist, heißt Amygdala. Das Gehirn trägt von Anfang an die Verantwortungen des Lebens. Aber an sich kann das Gehirn ganz von Anfang an die Dinge in diesem Leben durch die Reizaufnahme verarbeiten und davon Erfahrungen sammeln und davon auch neue Dinge lernen. Die wichtigsten Reizaufnahme unseres Gehirn möchte ich gern hier präsentieren. Sehen, hören, riechen, schmecken und tasten werden in der Biologie als Reize bezeichnet. Diese fünf Reize senden unserem Gehirn die Informationen als sensorisch und dort werden sie verarbeitet, und schließlich werden diese motorisch weitergeleitet, was schließlich eine Reaktion auslöst. Was versteht man unter Sehen, und wie kann dies am besten präsentiert werden? Unter Sehen versteht man die Aufnahme der neuen Reize. Ein Beispiel ist hierfür, dass alles, was wir sehen, mithilfe von Augen ans Gehirn weitergeleitet werden. Und dort wird alles verarbeitet, was schließlich eine Reaktion ergibt. Dadurch dass wir schon von Kindheit diese Reize aufnehmen, werden wir im Laufe der Zeit etwas reifer. Wie genau dieser Prozess verläuft, möchte ich gerne jetzt begründen. Wie gesagt, als Kind sieht man, aber das Gehirn an sich ist noch nicht bereit, etwas zu verstehen, beziehungsweise etwas auszusprechen. Ein neugeborenes Kind hat am Anfang keine solchen neuralen Netze, welche für unser Leben zuständig sind. Als neurale Netze bezeichnet man den Platz, wo die Informationen abgespeichert werden. Das Kind wird als Erstes seinen Vater und seine Mutter kennenlernen, indem es die beiden jeden Tag sieht. Damit das Kind seine Eltern oder seine Geschwister kennenlernen kann, müssen zunächst diese neurale Netze aufgebaut werden. Und in diesen neuralen Netzen werden sowohl seine Eltern als auch seine Geschwister abgespeichert. Dieser Prozess wird als Sehen bezeichnet. Denn das Kind wird seine Eltern mithilfe der Augen kennenlernen. Die Eltern aber sprechen immer mit dem Kind, obwohl sie ganz genau wissen, dass das Kind nichts von dem versteht, was sie zu dem Kind sagen. Durch Hören wird das Kind ein Wort lernen. Das Kind kann dieses Wort lernen, indem dieses Wort ständig von Eltern oder Geschwistern wiederholt wird. Jetzt ist die Rede von Reizaufnahme über Hören. Das Kind speichert mithilfe von neuralen Netzen ab. Wenn das Kind dieses Wort hört, das seine Eltern aussprechen, versucht es, das Gleiche zu machen. Bisher wurde das Sehen und Hören betrachtet.

Nun, unter tasten und riechen versteht man denselben Prozess wie unter hören und sehen. Zusammenfassend lässt sich sagen, dass alle diese Informationen mithilfe von Reizen vom Gehirn aufgenommen und in neurale Netze abgespeichert werden. Schließlich im Laufe der Zeit wird das Kind jeden Tag sowohl neue Dinge sehen als auch verschiedene Wörter hören. Und jeden Tag passiert dasselbe, die Informationen, die schon abgespeichert worden sind, werden weiterhin im Gehirn als abgespeicherte Informationen wahrgenommen. Wie am Anfang schon gesagt worden ist, besteht unser Gehirn aus verschiedenen Lappen, welche spezifisch verantwortlich sind. Im Laufe der Zeit wird das Kind lernen, wie man laufen kann. Und auch dieser Prozess wird als eine Reizaufnahme bezeichnet. Denn wie wir es schon wissen, kann ein frisches Kind nicht laufen. Das Kind wird aber im Laufe der Zeit dies lernen. Dieser Lernprozess erfolgt mithilfe des Gehirns. Denn in unserem Gehirn ist ein Ort, der zuständig für Laufen ist. Nun als Erstes, wenn das Kind anfängt zu laufen, kann es nicht richtig stehen bleiben, weshalb es schließlich zu Boden stürzt. Das Kind gibt aber nicht auf, es wiederholt es wieder, bis es richtig stehen bleiben kann, ohne dass es wieder stürzt. Dann macht es einen Schritt weiter, und zwar fängt es an, in einer Richtung zu laufen. Dann stürzt es wieder, denn dem Gehirn ist das Laufen unbekannt. Beziehungsweise gibt es in dem Gehirn noch keine gespeicherten Informationen, die dem Kind zeigen, wie es laufen kann. Nun, das Kind macht weiter und weiter, bis es laufen kann. Wenn das Kind bereits lernt, wie es laufen kann, ist hier wieder die Rede von Neuronen, in denen alle diese Informationen abgespeichert worden sind. Nun, wir wissen, dass das Kind als Erstes das Laufen lernt, und erst dann fängt es langsam an zu sprechen. Es ist zu sehen, dass dem Kind das Laufen viel leichter fällt als das Sprechen. Wieso ist das so, was steckt dahinter? Nun, unter Laufen versteht man den praktischen

Bereich, und unter Wörter lernen versteht man den theoretischen Bereich. Das heißt, wenn das Kind anfängt zu laufen, wird es mehrmals auf den Boden stürzen, bis es die Stabilität findet. Stabilität zu finden ist für das Kind nicht so schwer, wie zu lernen, wie es ein Wort ausspricht oder wie es einen richtigen Satz formulieren kann. Verständlicherweise braucht das Gehirn in diesem Fall viel mehr neurale Netze, um eine Sprache zu lernen, als laufen zu lernen. Denn eine Sprache besteht aus vielen Wörter, die eben alle in unserem Gehirn abgespeichert werden müssen. Für das Kind ist es noch schwieriger, eine Sprache zu lernen, denn es muss zuerst wissen, was genau ein Satzbau ist. Das heißt, das Kind lernt doppelt so schnell wie ein Erwachsener, der schon eine Sprache kann. Nun, falls Sie sich fragen, wieso lernt denn ein Kind eine Sprache viel schneller als die Erwachsenen, dann könnte ich diese Frage kurz und präzise beantworten. Das Kind kennt keine Sorgen, das Kind kennt keine Zukunft, wohingegen die Erwachsenen schon.

Nun zurück zur vorherigen Frage. Ich habe festgestellt, dass das Kind viel schneller das Laufen lernen kann als eine Sprache. Das liegt eben daran, dass das Kind, um eine Sprache lernen zu können, mehr Zeit braucht, weil alle einzelnen Wörter einer Sprache im Gehirn abgespeichert werden müssen. Und damit dies in der Realität passiert, muss zuerst das Kind alle einzelnen Wörter im Gehirn abspeichern, was eben mehr Zeit benötigt braucht, als laufen zu lernen. Das heißt, alle diese Reize werden in den Neuronen abgespeichert, welche dem Kind das Laufen oder Sprechen ermöglicht. Nun, Sie haben vielleicht schon mal ein Kind gesehen, das etwas Heißes mit der Hand angefasst hat und sofort wieder die Hand zurückgezogen hat. Dieser Prozess läuft wieder nach einem sensorischen und motorischen Prozess ab. Das heißt, sobald das Kind was Heißes angefasst hat, wird dieses Signal über Nervensysteme bis zum Gehirn gebracht. Und dort wird dies vom Gehirn verarbeitet, und als Reaktion wird eine Gefahr bezeichnet, welche besagt, dass das Kind die Hand zurückziehen soll. So was wird als ein Reiz bezeichnet, welcher in dem Gehirn des Kindes eine Reaktion ausgelöst hat. Zusammenfassend lässt sich sagen, dass ein kleines Kind aus vier Reizerkennungen besteht, nämlich tasten, riechen, sehen, hören und schmecken. Diese Reize ermöglichen dem Kind eine Verknüpfung der neuralen Netze im Gehirn. Und ein menschliches Gehirn besteht aus Billionen Zellen, die zusammengebunden sind, wodurch die Informationen hingehen werden. Falls Sie sich fragen, was ich genau damit meine, dann mache ich sehr gern ein Beispiel für Sie. Sie können jeden Tag sehen, wie die Leute gemeinsam ein Gespräch führen. Oder Sie können jeden Tag die Leute sehen, wie sie normal laufen können. Sie können normal laufen, weil sie dies in der Kindheit gelernt haben. Sie können normal sprechen, weil sie in der Kindheit die Sprache gelernt haben. So etwas schafft man nur mithilfe von diesen Reizen, die ich mehrmals erwähnt habe. Das heißt, ein geborenes Kind erkennt diese Reize schon von dem Tag an, an dem es auf diese Welt gekommen ist. Das bedeutet, dass das Kind mit diesen fünf verschiedenen Reizen geboren ist. Was steckt eigentlich hinter diesen Reizen? Diese Frage wird erst am Ende des Kapitels beantwortet.

Wir befinden uns im Jahr 2021, welches diese vielen Veränderungen beweist. Nun, als Erstes soll die Epoche betrachtet werden. Heutzutage unterscheiden wir drei verschiedene Epochen, welche als Altertum, Mittelalter und Neuzeit bezeichnet werden. Zurzeit befinden wir uns in der Neuzeit. Als Erstes betrachten wir diese Epochen, und was tatsächlich alles in diesen drei Epochen passiert ist. Hier wird nur über die Psychologie der Menschen geschrieben, beziehungsweise wie haben sich die Menschen vom Altertum bis heute in allen Aspekten entwickelt. Betrachten wir zuerst sowohl die Zeit während des Altertums als auch die Zeit während des Mittelalters. Wir können feststellen, dass die Leute in dieser Zeit genauso wie wir waren. Für sie war aber das Leben viel schwerer gewesen, denn das Leben war in dieser Zeit komplett anders im Vergleich mit der heutigen Zeit. Für uns heutzutage allgemein gesprochen ist es gar nicht so schwierig, weil wir alles haben, was wir tatsächlich benötigen. Wie zum Beispiel beschäftigen sich heute viele Informatiker/-innen mit künstlicher Intelligenz? Ich betone hier nochmals, dass die künstliche Intelligenz die komplexesten Probleme lösen wird. Und um so was zu programmieren, benötigt es selbstverständlich einen komplexen Weg. Aber wozu ich kommen möchte, ist, dass damals sowohl in der Zeit des Altertums als auch in der Zeit des Mittelalters die Leute nicht auf solche Idee gekommen sind. Sie hatten nicht einmal Internet gehabt. Ab der Zeit des Altertums bis heute wurden so viele Dinge entwickelt, welche uns heutzutage das Leben vereinfacht haben. Wie gesagt, wir haben heute alles bereits, wenn wir was machen möchten. Stellen wir uns zum Beispiel mal vor: Was wäre, wenn es keinen Strom geben würde? Eins kann ich euch sagen, wir wären in unserer Entwicklung nicht so weit gekommen. Strom macht viel für unser Universum aus, denn ohne Strom wären wir in der Technologie nicht so weit gekommen. Die Technologie ist die, die diese Welt in nur wenigen Jahren ganz übernehmen wird. Nun, das Ganze muss noch zusammengefasst werden, damit man es besser nachvollziehen kann. In den ersten zwei Perioden war der Strom noch nicht erfunden. In dieser Zeit wurden die Basisdinge erfunden, wovon man im Laufe der Zeit mehr und mehr entwickelt hat. Im Laufe der Zeit wurden die Schulbildung, mathematische Formeln und vieles mehr entwickelt. Und erst später mithilfe dieser Entwicklungen haben die Menschen die Fähigkeit gehabt, weitere Dinge zu entwickeln, welche für unser Leben eine sehr wichtige Rolle gespielt haben. Und die Entwicklungen beziehen sich auf diese Reize, die ich erwähnt habe. Ohne diese Reize hätte man sowohl damals als auch jetzt nichts entwickeln können. Nochmals ein Beispiel, welches das Ganze verständlich macht. Nehmen wir mal an, wir befinden uns jetzt nicht in der Neuzeit, sondern in der Zeit des Altertums. Stellen Sie sich vor, Sie gehen nach draußen und sehen ein Tier, das Sie fressen kann. Sie haben aber keine Ahnung, ob dieses Tier gefährlich ist. Sie gehen in Richtung dieses Tieres. Als Sie näher zu ihm gehen, wird es aggressiv und möchte Sie fressen. Sie sehen, dass dieses Tier auf Sie zukommt, um Sie zu fressen. Als Erstes wird Ihre Reaktion so sein, dass Sie mithilfe der Augen die Gefahr sehen, dass dieses Tier Sie fressen möchte. Als Reaktion werden

Sie wegrennen. Was versteht man an diesem Beispiel? An diesem Beispiel versteht man, dass die Menschen von Anfang an die gleichen Menschen waren, wie wir es heute sind. Diese haben auch mithilfe dieser Reize gelebt. Und mithilfe dieser Reize befinden wir uns heute da, wo wir uns heute gerade befinden.

Als Nächstes betrachten wir doch die Informatik etwas genauer. Als Erstes sollen wir uns fragen, wie beliebt die Digitalisierung von Menschen ist. Heutzutage, wenn man nach draußen geht, sieht man 90 Prozent der Leute mit einem Handy in der Hand. Die Digitalisierung hat uns Menschen unter Kontrolle. Haben wir aber gefragt, wie das Ganze tatsächlich funktioniert? Um das Handy oder eine App oder den Computer einschalten zu können, musste zunächst in allen diesen etwas programmiert werden. Diese Programmierung kann durch verschiedene Programmiersprachen vorgenommen werden. Fragen wir uns doch mal, wie genau ein Auto zusammengebaut wird. Um ein Auto in einer Fabrik zusammenbauen zu können, wird 80 Prozent der Arbeit von Robotern geleistet und 20 Prozent von Arbeiter/-innen. Die Roboter sind so programmiert, dass sie alleine die Arbeit erledigen können, die sie zu erledigen haben. Heutzutage sind die Roboter nicht nur in der Autoindustrie eingesetzt, sie sind auch in verschiedenen anderen Fabriken eingesetzt. Nun fragen wir uns einmal, was passieren könnte, wenn diese Digitalisierung nicht zur Verfügung wäre. Ich würde sagen, es würde unendlich langweilig sein. Wir haben heute die Gelegenheit, fast alles mit einem Computer zu erledigen. Nun, es muss hier aber gesagt werden, dass die Digitalisierung auch eine Grenze haben soll. Das heißt, die Digitalisierung kann genauso gut, aber auch genauso schlecht und gefährlich für die Leute sein.

Nun, jetzt ist die Rede von künstlicher Intelligenz. Ich versuche jetzt als Programmierer kurz zu erklären, was eigentlich unter künstlicher Intelligenz zu verstehen ist. Die künstliche Intelligenz kann die komplexesten Aufgaben selber lösen. Die künstliche Intelligenz kann die Aufgaben mithilfe der künstlichen neuralen Netze lösen. Neurale Netze bestehen aus Knoten, die eben zusammengebunden sind. Diese Knoten haben eine ähnliche Struktur wie eine menschliche neurale Struktur. Der Unterschied zwischen beiden ist, dass die künstliche Intelligenz von Menschen programmiert wird. Und ein menschliches Gehirn ist das Gegenteil von künstlicher Intelligenz. Nun betrachten wir nochmals die künstliche Intelligenz. Die wird von Menschen programmiert, und später kann die künstliche Intelligenz selber die Aufgaben lösen, und zwar die komplexesten Aufgaben. Das heißt, die künstliche Intelligenz lebt mit uns zusammen und hilft uns die komplexesten Aufgaben zu lösen. Die künstliche Intelligenz kann die Aufgaben sehen, die zu erledigen sind. Es gibt Wissenschaftler, die schon einen Roboter in der Form von einem Kind programmiert haben. Man konnte es sehen, wie dieses Roboter-Kind die Sprache im Laufe der Zeit gelernt hat. Im Laufe der Zeit kann man mit ihm ein ganz normales Gespräch führen. Und es wird sich so anfühlen, als ob er ein Mensch ist. Jetzt möchte ich zu meiner Frage zurückkommen, welche ich noch zu beantworten habe. Nämlich die Frage war, was alles hinter diesen verschiedenen Reizen steckt, welche ein Mensch besitzt.

Bisher wurde schon begründet, dass ein Kind mithilfe dieser Reize ein normales Leben haben kann. Unter normalem Leben versteht man, dass man sich bewusst ist, was man tut. Bis zirka zum 18. Lebensjahr ist man noch nicht so reif. Das heißt, man wird im Laufe der Zeit immer reifer und reifer. Diese Reifung erfolgt mithilfe von Reizen, die dafür zuständig sind. Schließlich besagen meine Aussagen, dass die Entstehungsperiode im Bauch der Mutter ein ganz wichtiger Prozess ist. Denn dort mit der Entstehung des Kindes werden diese Reize im Kind programmiert. Wenn das Kind auf diese Welt kommt, wurden die Reize bereits im Bauch der Mutter programmiert. Es muss hier auch gesagt werden, dass diese Programmierung eine ganz komplexe Programmierung sein muss. Diese Programmierung ist nicht begrenzt. Was versteht man darunter? Darunter versteht man, dass das Gehirn eines Menschen nicht begrenzt ist. Das Gehirn hat die Freiheit. Außerdem ist hier nicht die Rede von Kindern, die krank auf diese Welt kommen. Nun, falls Sie sich fragen, wer uns im Bauch der Mutter programmiert hat, habe ich gleich die Antwort für Sie. Ich glaube an Gott, und er ist nicht nur für die Entstehung der Menschen zuständig, sondern er ist für alles zuständig. Ich nenne den lieben Gott als den Zuständigen, denn um alles zu schaffen, was er alles geschafft hat, braucht man viel Kraft. Im letzten Kapitel werden Sie sehen, wieso ich an Gott glaube

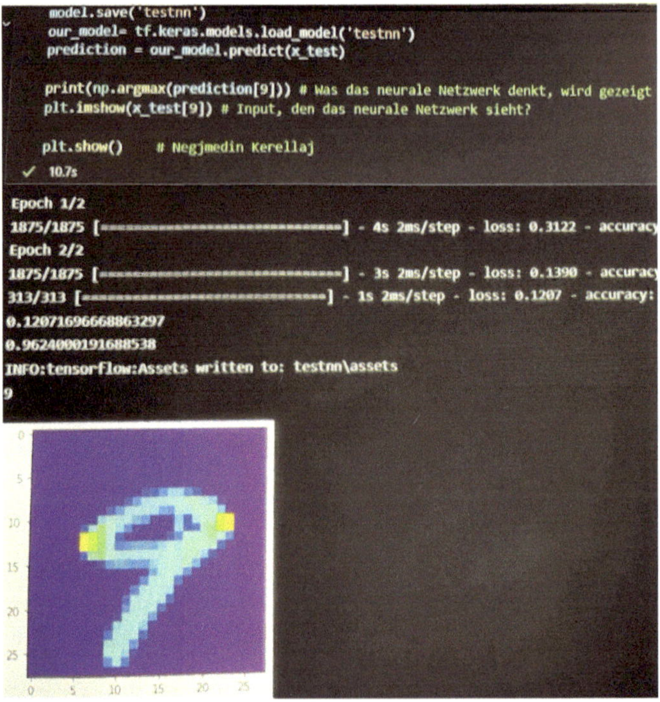

Was kann man alles beim ab »-« sehen. Hier habe ich ein neurales Netz programmiert. Hierbei geht es darum, dass dieses neurale Netz uns das zeigt, was es sieht. Ich habe zum Beispiel eine Zahl 9 als Input eingesetzt. Das neurale Netz sieht die Zahl 9, und dann das, was das neurale Netz denkt, beziehungsweise behauptet, was es für eine Zahl sein könnte. Dieser Code, welchen ich geschrieben habe, ist nicht als gesamter Code zu sehen. Man kann aber noch viele andere komplexe Codes programmieren, welche unglaublich schlau programmiert werden können. Das Ziel war aber dabei, Ihnen zu zeigen, wie ein neurales Netz die Dinge wahrnimmt und selber beantworten kann. Um dieses Beispiel besser verstehen zu können, mache ich hierzu sehr gerne noch ein einfaches Beispiel. Nehmen wir mal an, ich würde die Zahl 9 auf ein sauberes Blatt schreiben. Dann frage ich Sie, was Sie hier für eine Zahl sehen. Sie werden die Zahl 9 sehen, und schließlich werden Sie mir sagen, dass Sie die Zahl 9 sehen. Genau dasselbe Prinzip ist hier im ab »-« zu sehen.

Kapitel 8: Existiert Gott?

Zuerst sollen wir Menschen verstehen, was überhaupt das Wort Gott bedeutet. Wir sollen auch etwas sehen, was uns besagt, dass es einen Gott gibt. Man kann nicht einfach so sagen, dass es einen Gott gibt, ohne dass man den Sinn des Gottes sieht. Ich persönlich glaube an Gott, weil das Fach Physik mir sagt, dass es einen Gott geben muss. Können wir uns nochmals an alles, was ich bis jetzt geschrieben habe, erinnern. In den ersten Kapiteln habe ich versucht zu erklären, wieso das Sonnensystem so entstanden ist, wie es gerade ist. Ich habe festgestellt, dass so was nicht von alleine entstehen kann, sonst würde das Ganze keinen Sinn ergeben. Es kann nicht sein, dass der Abstand zwischen Sonne und Erde von ungefähr entsteht, so dass wir die nötige Energie und Wärme bekommen. Es dreht sich alles um ein Ziel. Der Gott hat das Ziel gehabt, Menschen zusammenzubauen. Um Menschen zusammenbauen zu können, musste zunächst das Universum entstehen. Um das Sonnensystem aufbauen zu können, mussten komplexe Berechnungen durchgeführt werden. Es ist Fakt, dass ganz am Anfang des Universums die ersten Menschen entstanden sind. Wie genau diese ersten Menschen entstanden sind, weiß keiner. Diese Frage lässt sich aber leicht beantworten. Wie ist das Sonnensystem beziehungsweise die Galaxie entstanden? Gemäß der Physik wissen wir, dass so was nicht von alleine entstehen kann. Denn das ganze Sonnensystem ergibt am Schluss einen Sinn. Nun betrachten wir doch den menschlichen Körper etwas genauer. Der menschliche Körper ergibt einen sogenannten Sinn, wie unser Sonnensystem. Ein einfaches Beispiel hierfür ist: Was könnte tatsächlich passieren, wenn unsere Körpertemperatur nicht bei 37 Grad wäre? Also diese Körpertemperatur ist ideal für unsere Stoffwechselvorgänge. Es gibt noch viele Beispiele über unseren Körper, welche einen Sinn ergeben. In diesem Fall ist es unmöglich, dass so was von alleine entsteht. Die meisten Aussagen der Personen über so was sind, dass diese denken, dass die Natur für uns zuständig ist. Nun fragen wir uns mal, was ist die Natur und wie ist die Natur entstanden. Ich bin mir jetzt ziemlich sicher, dass Sie bereits die Antwort für diese Frage haben. Als Nächstes betrachten wir die heutige Philosophie. Heutzutage lernt man in der Schule im Fach Biologie, dass die Menschen von Affen abstammen. Damit bin ich tatsächlich nicht einverstanden, denn dies ergibt für mich keinen Sinn. Zuerst müssen wir etwas mehr die Gene betrachten, um diese Frage beantworten zu können. Wenn man die Gene von Affen betrachtet und diese mit menschlichen Genen vergleicht, gibt es da einen großen Unterschied. Es kann nicht sein, dass die Gene der Affen im Laufe der Zeit sich so verändert haben, dass schließlich ein Mensch entsteht. Ich meine nicht, dass direkt ein Mensch entsteht, aber trotzdem macht es keinen Sinn. Es ist faktisch, dass von zwei unterschiedlichen Paaren die Gene des Kindes kombiniert werden, so dass schließlich das Aussehen des Kindes anders ist. Aber da ist die Rede von zwei Personen, die aus unterschiedlichen Ländern kommen und gemeinsam ein Kind haben möchten. Mensch + Mensch = Mensch, aber nicht Affe + Affe = Mensch.

Nehmen wir nur als Beispiel an, Menschenherkunft sei von Affen. Wie sind denn die ersten Affen entstanden? Da bin ich mir sicher, dass so was keiner weiß. Hat einer gesagt, dass Menschenherkunft von Affen sei, nur weil Affen Hände und Füße so wie die Menschen haben? Wie schon gesagt, die Menschen sind so programmiert, dass sie die Gedankenfreiheit haben. Die Menschen sind kein geschriebenes Buch. Denn alles, was man in ein Buch schreibt, bleibt so, wie es geschrieben ist. Es ändert sich nicht mehr. Und im menschlichen Gehirn finden immer Veränderungen der Gedanken statt. Jeder sieht die Welt anders. Sobald wir unsere Gedanken mit Entstehung der Galaxien beziehungsweise mit Entstehung des Sonnensystems, dann müsste dies einen Sinn ergeben. Denn es macht Sinn, dass wir auf einem Planeten leben. Es macht Sinn, wie das Planetensystem funktioniert, und wie es entstanden ist. Ich betone es hier zum zweiten Mal, dass sich alles um einen Sinn dreht. Erinnern wir uns nochmals an das Beispiel, welches ich ganz am Anfang erwähnt habe. Was müssen wir alles machen, um in die Ferien gehen zu können? Das war ein Ziel, welches ich als Beispiel erwähnt habe. Es gab aber auch eine Zeit, in der das Sonnensystem entstanden ist.

Was bringt uns eigentlich dazu, an Gott zu glauben? Das ist tatsächlich eine Frage, wozu man vieles sagen kann. Natürlich kann man auch leben, ohne dass man an Gott glaubt. An Gott zu glauben ist eine Form von Respekt und Dankbarkeit. Man kann das Ganze so zusammenfassen: Wenn ich nicht an Gott glauben würde, dann würde es so scheinen, dass ich noch keine Beweise gesehen habe, um an Gott glauben zu können. Wenn ich aber nicht an Gott glauben würde, dann würde ich alles machen, was ich machen möchte. Mit einem anderen Wort könnte man sagen, dass der Mensch auch ein böser sein kann. Wenn ich jetzt als Beispiel den Koran und die Bibel nehme, kann man darüber vieles sagen. In diesen zwei Büchern ist es geschrieben, wo die Grenze der Menschen ist. Beziehungsweise wie man sich benehmen muss, um sich an die Religion halten zu können. In diesen zwei Büchern ist erwähnt worden, dass man einen anderen fremden Mensch nicht verletzen darf. Heutzutage haben wir Milliarden von Leuten, die eben an ihre Religion glauben. Beziehungsweise die an Gott glauben. Was wäre tatsächlich, wenn diese Milliarden von Leuten nicht an Gott glauben würden? Am Anfang habe ich gesagt, dass wir uns an Religionsgesetze halten. Außerdem: An Gott zu glauben, ist ein gutes Gefühl, denn man ist dankbar gegenüber dem Gott, was er alles für uns gemacht hat. Man kann aber auch sehr schnell die Menschen bemerken, die eben nicht an Gott glauben. Die benehmen sich anders im Vergleich mit denjenigen, die an Gott glauben.

Sie haben sich sicher mal gefragt, wieso sind wir eigentlich auf diesen Universum da, und was ist das Ziel. Als Erstes sollen wir verstehen, dass das Wachstum der Leute unendlich ist. Und alle Leute, die sich in diesem Universum befinden, kämpfen, um zu leben. Wir kämpfen, um zu leben, so dass wir das Ziel erreichen können. Das Ziel ist, dass wir ein normales Leben haben können, so dass wir nicht verhungern werden. Wir können alles haben, außer dem, was sich auf Natur bezieht. Unter Natur verstehe ich, dass die Natur von Gott geschaffen worden ist. Und so was kann nur der Gott schaffen, wohingegen die Menschen nicht. Es gibt aber einen Zeitpunkt, wo wir dieses Leben verlassen müssen. Sobald wir dieses Leben für immer verlassen, weiß keiner, wie es weitergeht. Das Leben an sich macht Sinn, wieso wir tatsächlich leben. Die Leute, die mit diesem Leben zufrieden sind, die sind dankbar, dass sie in diesem Universum leben. Und wenn sie dankbar sind, dann wissen wir, dass diese Leute an Gott glauben. So was nennt man Entscheidung, denn alles, was wir im Alltag machen, bezieht sich auf unsere Entscheidung. Zum Beispiel habe ich die Entscheidung getroffen, an Gott zu glauben. Bevor ich diese Entscheidung getroffen habe, musste ich zuerst meinem Gehirn beweisen, dass es doch einen Gott gibt. Und ich habe es mir bewiesen, indem ich den Sinn des Lebens verstanden habe. Den Sinn des Lebens habe ich verstanden, indem ich die Fragen mithilfe der Physik beantwortet habe. So was wird als eine Entscheidung bezeichnet.

Ich habe mal bei einer Psychologin nachgefragt, was sie dazu meint. Beziehungsweise fragte ich sie, was sie von Menschen und Gott hält. Sie sagte, dass dieses Universum ein sehr komplexes Universum ist. Sie war eine Psychologin und Neuronen-Expertin. Sie hat meine Frage mithilfe der Neuronen beantwortet. Sie sagte: Wissen Sie, wie viele Neuronen es in unseren Gehirn gibt? Alle diese Neuronen sind für den Transport der Informationen zuständig. Dort befinden sich Billiarden von Zellen, und diese Neuronen können sowohl programmiert als auch umprogrammiert werden. Und sie sagte, dass wir uns in einem Universum befinden, wo alles chemisch und physikalisch zusammen verknüpft ist. Sie sagte, dass alle diese Dinge nicht ungefähr entstanden sind. Es gab zuerst ein Ziel, bevor der ganze Sonnenplanet entstanden ist. Sie führte verschiedene Experimente im Bereich Neuronen an. Sie sagte, dass sie einen Fall gehabt haben, welcher sie sehr beeindruckt hatte. Für dieses Experiment wurden zwei Personen eingesetzt und schließlich getestet. Sie wurden in zwei separate Zimmer gebracht. Das Ziel war dabei, dass zwischen diesen zwei Personen ein Gespräch geführt wird. Nun, wenn die zwei Personen in separaten Zimmern sind, können sie sich weder sehen noch hören. Mithilfe der neuen Forschung im Bereich Neuropsychologie haben sie ein ganz normales Gespräch geschafft, obwohl die beiden in verschiedenen Zimmern waren. Wieso ist das so, was steckt tatsächlich hinter Luft und Neuronen?

Ich weiß leider nicht, wie dies funktioniert hat. Ich kann aber einen Sinn sehen. Im Fach Physik lernt man, wie sich Stimme oder Töne ausbreiten. Als Erstes sollen wir hier verstehen, was genau Schall bedeutet. Alle Schallquellen sind das, was Geräusche verursacht. Und durch Schwingungen von Luftmolekülen entsteht Schall. Schall breitet sich wellenförmig aus. Man kann Ton und Geräusche unterscheiden. Ein Ton enthält nur eine einzige Frequenz, wohingegen Geräusche viel mehr unregelmäßige Frequenzanteile enthalten. Was ist überhaupt eine Frequenz? Die Frequenz ist die Anzahl der Schwingungen. Zum Beispiel: Je höher die Frequenz ist, desto höher ist der Ton. Hierbei muss auch die Amplitude erwähnt werden. Die Amplitude einer Schwingung ist die Abschlagshöhe und die Nulllage einer Schwingung. Nun, das Wichtigste wird jetzt hier erwähnt. Die Schallwellen breiten sich wellenförmig aus, welche von unserem Ohr aufgenommen werden. Das, was alles von unserem Gehirn aufgenommen wird, wird in unserem Gehirn verarbeitet. Die Schallgeschwindigkeit hängt stark von Temperatur ab. Je höher die Temperatur, umso schneller breitet eine Schallwelle sich aus. Bei einer Temperatur von 20 Grad Celsius liegt die Schallgeschwindigkeit bei 340 m/s. Das heißt, in drei Sekunden legt der Schall einen Weg von einem Kilometer zurück. Es ist so faszinierend, zu wissen, dass sich die Schallgeschwindigkeit schneller in Wasser ausbreitet als in der Luft. Die Schallgeschwindigkeit in Wasser liegt bei 1450 m/s.

Ich habe mich bemüht, Ihnen die Schallgeschwindigkeit zu erklären. Und wie Sie auch sehen können, versteht man darunter, wie bei Menschen die Gelegenheit entsteht, ein normales Gespräch von Angesicht zu Angesicht zu führen. Überlegen Sie sich, was Sie alles bis heute geredet haben, ist diese Stimme mithilfe der Schallgeschwindigkeit und Welle zu den anderen Menschen weitergeleitet. Wissen Sie was, jetzt ist die Zeit für ein Experiment, welches Sie jetzt gerade machen sollen. Gehen Sie jetzt zu einer Person und halten Sie einen Meter Abstand. Überlegen Sie sich einen Satz und diesen Satz sprechen Sie zu dieser Person. Warten Sie, bis wann die Schallgeschwindigkeit durch die Ohren in das Gehirn der Person gelangen wird. Und warten Sie, was diese Person zu Ihnen sagen wird. Als Nächstes gehen Sie in ein anderes Zimmer und die andere Person soll auch in einem anderen Zimmer sein, beziehungsweise alle beide sollten in separaten Zimmern sein. Wenn Ihr euch in separaten Zimmern befindet, dann überlegen Sie sich nochmals, was Sie zu dieser Person sagen wollen. Nun wieder das Gleiche wie vorhin. Sie sprechen den Satz aus, welchen Sie für diese Person sich ausgedacht haben. Warten Sie ab und dann treffen Sie sich wieder mit dieser Person und halten einen Meter Abstand. Warten Sie, bis wann die Person Ihnen die Antwort gibt. Und stellen Sie fest, ob die Person korrekt Ihre Frage beantwortet hat oder nicht. Höchstwahrscheinlich wird die Person nicht Ihre Frage beantworten, welche Sie vorhin an die Person gestellt haben.

Falls er oder sie Ihre Frage richtig beantwortet, dann ist dies eine Verbindung der Neuronen, welche zwischen Ihnen beiden stattgefunden hat. Diese Verbindung der Neuronen findet nicht zu allen statt, sondern es gibt ein paar Leute, die die Kraft haben, gegeneinander die Neuronen zu verbinden. Diese Verbindung ist in der Realität unsichtbar, man kann es nicht sehen, wie diese Neuronen zwischen zwei Personen verbunden werden. Diese Verbindung gelingt mithilfe von Wellen. Und diese Wellen besitzen eine Geschwindigkeit, welche für diese Verbindung der Neuronen zuständig sind. Falls Sie dieses Experiment gemacht haben, dann möchte ich mich herzlich bei Ihnen für das Vertrauen bedanken.

Ich möchte gerne nochmals hier betonen, dass Sie mit diesem Buch nicht einverstanden sein müssen. In diesem

Buch war das Ziel, Sie nicht zu zwingen, an Gott zu glauben, falls Sie bisher nicht an Gott geglaubt haben. Ich wollte mehr oder weniger das begründen, was ich mithilfe der Physik sehe. Sie dürfen selbstverständlich weiterhin nicht an Gott glauben, falls Sie dies möchten. Ich weiß, dass das Schwierigste in diesem Leben ist, eine Entscheidung zu treffen. Heutzutage gibt es so viele Leute, die sich nicht trauen, ihr Leben zu verändern. Sie können diese Entscheidung nicht treffen, weil sie es nicht wissen, was zunächst getan oder überlegt werden sollte. In diesem Moment, in dem Sie sich gerade befinden, sind Sie, und Sie müssen sich selbst akzeptieren, so wie Sie sind, weil Sie dafür zuständig sind, wer Sie in der Zukunft sein wollen. Der Gott hat jedem die Entscheidung als unbegrenzt ermöglicht. Das heißt, Sie dürfen sich so programmieren, wie Sie es wünschen. Es ist wirklich eine Programmierung. Das Gehirn braucht ungefähr 30 Tage, um etwas ernst zu nehmen, was Sie sich in der Realität wünschen. Sie müssen zuerst ein Ziel für sich setzen. Als Nächstes schreiben Sie dieses Ziel irgendwo auf ein sauberes Papier auf. Repetieren Sie es jeden Tag und sprechen Sie laut das, was Sie auf diesem Papier geschrieben haben. Nach 30 Tagen werden Sie sehen, wie Sie das Ziel erreichen werden, welches für Sie nicht vorstellbar war. Nun, als Nächstes möchte ich gerne hier ankündigen, dass wir in einem Universum leben, wo es immer Konflikte und Missverständnisse gibt. So was entsteht bei Menschen. Und ich bin mir zu 100 Prozent sicher, dass Sie sich, während Sie dieses Buch gelesen haben, viele Fragen gestellt haben. Und ich habe mir vorgenommen, diese Fragen für Sie zu beantworten. Falls es aber noch Fragen gibt, die ich Ihnen hier nicht beantworte, dann möchte ich mich bei Ihnen entschuldigen. Ich werde ein paar Fragen stellen, welche ich gleich beantworten werde. Diese Fragen, die ich hier stellen werde, könnten sich auf Ihre Fragen beziehen. Ich stelle hier die Frage als »Sie«, und ich beantworte die Frage als »Ich«. Bevor ich loslege, möchte ich hier noch einmal betonen, dass ich diese Fragen mithilfe der Physik beantworten werde. Ich werde in diesem Fall nur meinem Gewissen und der Physik unterworfen.

Sie und Ich

Sie: Wie sind Sie auf dieses Buch gekommen, beziehungsweise was waren Ihre Ziele für dieses Buch?

Ich: Ich habe das Fach Physik sehr gerne. Ich wollte den anderen zeigen, was alles Physik kann und was alles unter Physik steckt. Das Ziel war, hier in diesem Buch anzukündigen, dass alles möglich ist. Unter Möglichkeit versteht man, dass jeder alles erzielen kann, was man tatsächlich möchte. Wie Sie alles erzielen, was Sie sich wünschen, das wird mithilfe der Selbstprogrammierung geschafft. Am Anfang des Buches habe ich erwähnt, dass ein paar Kollegen von mir entdeckt haben, dass die Zeit manchmal schneller und manchmal langsamer vergehen kann. Und das wollte ich allen zeigen, wieso dies so ist. Das größte Ziel war, hier in diesem Buch aufzuklären, dass es heutzutage viele Missverständnisse gibt, und diese sollten vermieden werden. Gemäß der Physik existiert Gott, wir wissen aber nicht, ob er etwas von uns verlangt. Leben Sie frei und ohne Angst.

Sie: Woher wissen Sie, dass das menschliche Gehirn programmiert ist?

Ich: Ich möchte nicht detailliert auf diese Frage eingehen, denn ich habe es schon im Kapitel »Sind Menschen programmiert?« aufgeklärt. Sehr gerne mache ich aber ein einfaches Beispiel für Sie, so dass Sie es sofort verstehen werden. Die künstliche Intelligenz hat eine ähnliche Funktion wie ein menschliches Gehirn. Man kann einen Roboter programmieren, und er lernt die Sachen genauso wie Menschen. Nun betrachten wir mal nur das menschliche Gehirn. Nehmen wir mal an, Sie wollen eine neue Sprache lernen. Was man schon weiß, ist, dass zuerst die Vokabeln für diese Fremdsprache auswendig gelernt werden müssen. Diese Vokabeln, die auswendig gelernt werden, werden im Gehirn in sogenannten Neuronen abgespeichert. Wenn Sie ein Wort dieser Fremdsprache aussprechen wollen, dann können Sie nur die Wörter aussprechen, welche schon in Neuronen abgespeichert sind. Je mehr wir was Neues lernen, umso mehr werden neue Neuronen in unserem Gehirn freigesetzt, welche mit anderen Neuronen, die bereits im Gehirn sind, verbunden werden. Das, was Sie bereits in ihrem Leben haben, sie waren dafür zuständig. Und dies haben Sie mithilfe von Reizaufnahmen programmiert. Sie können Ihr Gehirn jederzeit aktivieren und Ihr Leben ändern. Sie können komplett ihr Leben verändern, falls Sie dies möchten. Das Leben ist so schön, wenn man die Sprache dieses Universums versteht. Die Sprache des Universums ist nicht alphabetisch aufgebaut, sondern dieses Universum besteht aus vielen unendlichen Zahlen, Molekülen, Energien, Wellen, die wir leider nicht mit unseren Augen sehen können.

Sie: Was halten Sie von Religionen, die wir momentan haben?

Ich: Ich persönlich respektiere alle Religionen, die wir haben. Ich halte sie für positiv. Ich weiß, dass es nur einen einzigen Gott gibt, der für alles zuständig ist.

Sie: Haben Sie was gesehen, weil Sie so sicher sind, dass es einen Gott gibt?

Ich: Ich habe das gesehen, was die anderen auch gesehen haben. Wenn man physikalisch und philosophisch überlegt, dann kommt man dazu, dass ein Gott existieren muss. Ich betone nochmals zum letzten Mal, dass es keinen Sinn ergeben würde, falls Gott nicht existieren würde, was für mich unvorstellbar ist.

Sie: Ist der Gott lieb oder?

Ich: Um diese Frage zu beantworten, müssen wir zuerst etwas anderes betrachten. Wie ich schon von Anfang an gesagt habe, ist das ganze Sonnensystem ein sehr komplexes System. Dieses komplexe System ist zuerst erschaffen worden, um allen Lebewesen das Leben in diesem Universum zu ermöglichen. Nun, als Nächstes sollen wir unseren Körper betrachten. Wir haben die komplexesten Organe in unserem Körper. Wir haben in unserem Körper alles, was man zum Leben braucht. Wir haben unsere wunderschönen Augen, mit denen wir die Welt sehen können. Wir haben das Herz, welches Tag und Nacht schlägt. Das Herz ist der Motor eines Menschen. Nun, Sie sind gesund und haben alles, was Sie sich wünschen. Wir haben den Boden, wovon das Wasser und die Ernährung kommen. Wir bekommen die gewünschte Temperatur aus unserer Sonne, welche unser Körper ertragen kann. Ich bitte Sie, keine falschen Überlegungen über den lieben Gott zu machen. Der liebe Gott ist unendlich lieb gegenüber Menschen, er zeigt uns dies, wenn die Sonne anfängt zu lachen. Wenn wir heute sehen, was alles mit unserer Gesellschaft abläuft, ist der liebe Gott sehr geduldig.

Sie: Wenn der Gott lieb ist, wieso gibt es kranke Menschen in diesem Universum?

Ich: Das ist eine Frage, welche sich nur philosophisch erklären lässt. Wir wissen, dass es heutzutage sowohl gute als auch schlechte Menschen gibt. Die guten Leute haben ihr ganzes Leben lang nur positive neurale Netze in ihrem Gehirn aufgebaut, wohingegen die bösen nicht.

Die bösen Leute sind für mich Egoisten, Respektlose, und sie lästern. Natürlich gehören hierzu auch die Menschen, die als Mörder bezeichnet werden. Nun, wenn eine Person in diese Gruppe gehört, die ich da erwähnt habe, kann er oder sie bestimmt kein positives Leben haben. Der Hauptgrund ist hierfür, dass eben diese Personen nur negative Gedanken in ihrem Gehirn programmiert haben, welche sich auf die Gene beziehen. Der Gott weiß ganz genau, wo die Leute eine schwache Stelle haben. Er weiß ganz genau die Stelle, wo die Leute damit ihr ganzes Leben lang Mühe haben werden. Es gibt aber auch viele Frauen, die während der Schwangerschaft gefährliche Substanzen einnehmen, welche für das Kind im Bauch viel ausmachen. Davon wird bestimmt ein Kind nicht gesund auf diese Welt kommen. Der Gott vergibt denjenigen, die nicht wissen. Der Gott vergibt nicht denjenigen, die schon wissen, aber trotzdem tun sie das, was als eine Gefahr bezeichnet wird.

Sie: Gibt es ein anderes Leben, nachdem wir gestorben sind?

Ich: Das ist eine Frage, welche ich nicht pauschal beantworten möchte. Ich weiß aber, dass wir in diesem Universum leben.

Sie: Ich kenne jemanden, der/die schneller lernt und immer gute Ergebnisse in der Schule erreicht. Ist das eine Programmierung?

Ich: Natürlich ist es eine Programmierung, denn sobald wir was Neues lernen, wird dies in Neuronen abgespeichert. Es kommt sehr darauf an, wie man tatsächlich lernt. Als ich das Gymnasium gemacht habe, musste ich am Schluss die Maturaarbeit ablegen. Das Thema, welches ich ausgewählt habe, war über das Lernen. Beziehungsweise wie lernt man am besten, und wie können die komplexesten Sachen am besten gelernt werden. Ich hatte dann ungefähr 25 Probanden, die an diesem Experiment teilgenommen haben. Ich habe sie in fünf Gruppen zu je fünf aufgeteilt, welche ein paar Aufgaben lösen mussten. Eine Gruppe musste am Morgen gegen 07:00 Uhr versuchen, diese gegebenen Aufgaben zu lösen. Die andere Gruppe war gegen 10:00 Uhr und die dritte Gruppe gegen 14:00 Uhr und die vierte Gruppe gegen 18:00 Uhr abends dran, und die letzte Gruppe musste diese Aufgaben gegen 20:00 Uhr lösen. Das Ziel war dabei herauszufinden, wann genau beziehungsweise um welche Uhrzeit kann man am besten komplexe Aufgaben lösen. Ich habe sie auch gefragt, ob sie, während sie diese Aufgabe gelöst haben, etwas eingenommen haben, beziehungsweise ob sie was gegessen oder getrunken haben.

Nun, gemäß dem Resultat habe ich festgestellt, dass die erste Gruppe das beste Ergebnis erzielt hat. Alle diese 25 Probanden waren nicht mit leerem Magen da gewesen, als sie dieses Experiment für mich durchführt haben. Nun, als Ergebnis dieses Experimentes kam ich dazu, dass man jeweils morgens früh am besten lernen kann. Nicht nur lernen, sondern es können auch die komplexesten Dinge gelöst werden, welche man am Tag nicht hinbekommen hat. Der Hauptgrund hierfür ist, dass ganz früh am Morgen das Gehirn frisch und erholt ist. Im Laufe des Tages werden so viele Informationen aufgenommen, welche das Gehirn verarbeitet, und deshalb kann man jeweils morgens am besten lernen, denn früh am Morgen ist das Gehirn befreit von Informationen. Also feststellend lässt sich sagen, dass das Lernen nicht anders als eine Programmierung ist. Man nimmt die Informationen mithilfe der Reize auf, und diese werden in unserem Gehirn abgespeichert, sofern wir diese Informationen wieder wiederholen. Das Gehirn kann auch Ihre programmierten Informationen radieren, wenn Sie diese nicht ständig wiederholen, und dann werden Sie feststellen, dass alle diese Informationen im Langzeitgedächtnis abgespeichert sind. Je mehr Sie sich von verschiedenen Reizen über eine Information informieren, desto schneller werden Sie es lernen. Wenn wir aber über das Lernen sprechen, dann stellt sich die Frage, was bedeutet eigentlich lernen. Mit einem Wort möchte ich dieses Thema abschließen, nämlich: Versuchen Sie möglichst visuell zu lernen. Stellen Sie sich visuell das Lernen vor.

Als Nächstes möchte ich gerne noch das Thema Gehirn hierbei betonen. Wie wir schon wissen, ist das menschliche Gehirn ein ganz komplexes Gehirn. Wir Menschen können uns nur auf eine Sache konzentrieren. Wenn Sie zum Beispiel am Lernen sind, und wenn Sie sich während des Lernens noch mit etwas anderem beschäftigen, wie zum Beispiel mit dem Handy, dann ist es so, dass Sie vergeblich lernen.

Jetzt ist wieder die Zeit für ein kleines Experiment, welches Sie für mich machen sollen. Nehmen Sie dieses Buch und fangen Sie an die erste Seite zu lesen. Eine andere Person soll neben Ihnen sein, und diese Person soll Ihnen Fragen stellen, während Sie am Lesen sind. Schauen Sie, ob Sie sich auf das Buch konzentrieren können. Es ist unmöglich, sich in einer solchen Situation zu konzentrieren, denn das Gehirn kann sich nicht auf zwei Dinge gleichzeitig konzentrieren. Wichtig ist dabei, dass Sie mit Pausen lernen sollen. Das sind meine besten Tipps für Sie, wenn Sie besser und effektiver lernen möchten.

Sie: Kann die künstliche Intelligenz gefährlich für uns Menschen sein?

Ich: Es kommt sehr darauf an, wie wir die Funktion der künstlichen Intelligenz verstehen. Wir wissen bereits, dass künstliche Intelligenz aus neuralen Netzen besteht, beziehungsweise ähnlich wie die menschlichen neuralen Netze. Die künstliche Intelligenz lernt genauso wie ein Mensch, sie ist aber viel schneller, und präziser. Nicht nur das, sondern die künstliche Intelligenz ist viel,

viel schlauer als Menschen. Nun betrachten wir was anderes in diesem Beispiel. Bis heute sind Menschen die Schlauesten in diesem Universum. Was ist alles durch Menschen entstanden? Es ist das entstanden, was wir bereits sehen und haben, unter Vernachlässigung der Natur. Das bedeutet auch, dass Menschen die Führung momentan in diesem Universum haben. Wir Menschen haben die Gesetze eingesetzt, wir haben komplexe Dinge aufgebaut. Nun, was könnte tatsächlich passieren, wenn irgendjemand anderes 100 Prozent schlauer ist als wir Menschen? Wer wird die Führung übernehmen, und wie sieht dann dieses Universum aus, wenn jemand anderes die Führung übernimmt, beziehungsweise wenn die künstliche Intelligenz die Führung übernimmt? Eines dürfen wir nicht vergessen, dass die künstliche Intelligenz in verschiedenen Formen zusammengebaut werden kann. Nun, ich als Python-Programmierer halte die künstliche Intelligenz nicht wirklich für das Richtige. Es gibt viele Nachteile und Vorteile. Ich mache hierzu ein Beispiel, welches sich auf künstliche Intelligenz bezieht. Heutzutage gibt es viele Leute, die an verschiedenen Krankheiten leiden. Nun, es gibt Krankheiten, die sich nur durch eine Operation heilen lassen. Egal was für eine Operation von Ärzten durchführt wird, es wird immer eine teure Operation sein. Das Schlimmste ist aber dabei, dass die Ärzte das Geld verlangen, sie wollen aber keine Verantwortung übernehmen.

Es wird immer von den Ärzten angekündigt, dass durch eine Operation auch etwas Gefährliches passieren kann. Nehmen wir mal an, es werden tausende Franken ausgegeben, dass diese Operation durchführt werden kann. Niemand ist aber nach der Operation für dich verantwortlich, falls der Arzt oder die Ärztin während der Operation einen Fehler macht. Nun, die künstliche Intelligenz könnte die komplexesten Operationen durchführen, und du wirst sicher sein, dass mit dir nichts während der Operation passieren wird. Eine Roboter kann so präzis und genau arbeiten, dass dabei zu 99,99 % kein Fehler auftreten wird. Die künstliche Intelligenz ist so schlau aufgebaut, dass sie uns die komplexesten Probleme lösen kann, für welche wir noch keine Lösung gefunden haben. Das andere, was bei der künstlichen Intelligenz zu sehen ist, dass eben diese uns die Arbeit wegnimmt. Dadurch könnten ein paar Arbeitslose entstehen. Und das andere ist, dass die Roboter keine Gefühle haben werden.

Sie: Wie würden Sie die Zeit kurz und knapp beschreiben?

Ich: Dadurch dass wir eine Anziehungskraft haben, ist die Zeit davon gepresst. Wenn die Zeit gepresst wird, dann wird so was als eine Konstante bezeichnet. Beziehungsweise die Zeit ist gepresst und hat eine gleiche Geschwindigkeit, sobald wir uns nicht in einer Bewegung befinden, und unter Vernachlässigung der Psychologie. Aber mit Zunahme der Höhe, wird die Zeit nicht mehr konstant sein. Je höher wir uns Richtung Himmel befinden, umso weniger ist die Zeit gepresst. Denn mit Zunahme der Höhe wird auch die Erdanziehungskraft geringer. Wenn wir aber die Zeit anhand der Psychologie betrachten, dann kommen wir auf ein anderes Ergebnis.

Ich mache hierzu ein Beispiel, nämlich wir haben das Universum, welches außerhalb von uns ist. Was meine ich damit? Damit meine ich, dass außerhalb die Natur beziehungsweise das Universum ist, aber innerhalb ist unsere andere Welt. Unsere Welt, welche in unseren Seelen ist, passt gut zusammen mit der äußeren Welt, welche außerhalb von unserem Körper ist. Die Zeit, die konstant ist, ist außerhalb von unserem Körper, dies hat einen Zusammenhang mit unserem Universum. Die Zeit gehört aber der Natur, wir nehmen einfach diese Zeit in unserer Welt mithilfe von Reizen auf, und diese wird dann von unserem Gehirn verarbeitet. Zusammenfassend lässt sich sagen, dass wir die Zeit kopieren, und dies wird von unserem Gehirn wahrgenommen. Ich mache sehr gern noch ein Beispiel hierzu. Ist Ihnen mal so was passiert? Haben Sie schon mal mit einer Person drei bis vier Stunden verbracht und es hat sich so angefühlt hat, als ob es 30 Minuten gewesen wären? In der Realität beziehungsweise außerhalb von unserer Welt ist die Zeit gleich schnell vergangen, aber innerhalb von unserem Körper beziehungsweise in unserer innerlichen Welt hat es sich wie 30 Minuten angefühlt. Das liegt eben an Psychologie, welche sich nicht auf äußere Welt bezieht. Ich hoffe, das war für Sie nachvollziehbar.

Sie: Wie finden Sie die Menschen, beziehungsweise was halten Sie von Menschen?

Ich: Ich bin auch ein Mensch so wie alle anderen. Ich möchte aber hierzu was anfügen, was eben mit Menschen einen Zusammenhang hat. Das menschliche Gehirn kann sowohl positiv als auch negativ programmiert werden. Was ich noch über Menschen hier anfügen möchte, ist, dass man nicht auf irgendetwas hartnäckig sein soll. Gib dir Zeit, beziehungsweise gib deinem Gehirn Zeit, bevor du hartnäckig wirst. Hartnäckig auf irgendetwas zu sein, ist das Schlimmste, was es gibt. Deshalb sollte man zuerst überlegen, und nicht sofort auf das Ergebnis kommen, indem man hartnäckig ist. Hartnäckige Leute sind diejenigen, die sich nicht viel überlegen.

Sie: Wie meinen Sie das, dass unser Gehirn unbegrenzt ist?

Ich: In dem Sinn, dass wir unsere Lebensgewohnheit so ändern können, wie wir es uns wünschen. Ich mache sehr gerne noch ein Beispiel dazu. Nehmen wir mal an, du hast ein komplexes Problem zu lösen. Deine Aufgabe ist, dieses Problem zu lösen. Wenn unser Gehirn begrenzt wäre, dann würde nicht die Gelegenheit bestehen, dieses Problem zu lösen. Beziehungsweise du müsstest zuerst überlegen, wie du den besten Weg herausfinden kannst, um dieses Problem lösen zu können. Um diesen Weg zu erzielen, müssen wir uns zunächst ein paar Überlegungen machen. Und dieser Prozess wird als eine unbegrenzte Überlegung bezeichnet. Was ist begrenzt? Begrenzt ist etwas, was nicht mehr zur Änderung gebracht wird. Und hier spricht man auch über persönliche Freiheit. Stellen wir uns das mal so vor: Wenn unser Gehirn begrenzt wäre, dann würden wir nicht mehr erreichen als das, was bis zu unserer Grenze hinaufgeht. Nochmals: Unter Begrenzung versteht man die Grenze, und diese Grenze lässt uns nicht weitergehen. So was mit Freiheit bedeutet, dass wir Menschen die persönliche Freiheit für uns selbst erschaffen können, weil wir wir nicht begrenzt sind.

Sie: Sind Menschen alle gleich?

Ich: In diesem Fall gemäß der Psychologie sind alle Menschen psychologisch gesehen gleich. Ich meine nicht gleich im Bereich Aussehen, sondern im Bereich Psychologie. Beziehungsweise alle Menschen bestehen aus gleichen Organen, unter Vernachlässigung von Geburtsfehlern. Ich möchte das Ganze an einem Erlebnis-Beispiel aufklären. Es gab einmal ein Treffen, welches sich auf die Arbeit bezogen hatte. Dort waren wir ungefähr 20 Leute. Bevor wir aber mit dem Gespräch angefangen haben, kam etwas Wunderschönes zum Essen und zum Trinken auf verschiedenen Tellern. In den ersten paar Sekunden hat sich fast niemand getraut, was zum Trinken oder zum Essen zu nehmen. Es gab aber eine Person, die etwas zum Essen genommen hatte. Nach fünf Sekunden haben dann alle was zum Essen oder zum Trinken genommen. Was ich mit diesem Beispiel zu erklären versuche, ist, dass alle Menschen im Bereich Psychologie gleich sind. Beziehungsweise dieselben Reize treten bei allen Menschen gleich auf, und am Schluss wird auch die Reaktion der Menschen gleich sein.

Sie: Was halten Sie von Zukunft?

Ich: Die Zukunft hängt vom Menschen ab. Wir Menschen sind verantwortlich für das, was in der Zukunft passieren wird. Menschen sind geboren, Fortschritte zu machen, und zwar in allen Aspekten. Dadurch dass wir Fortschritte machen, kann auch eine Veränderung entstehen, welche sich auf das Universum bezieht. Zum einen müssen wir unbedingt neue Fortschritte im Bereich Ingenieurwesen machen. Damit meine ich, dass heutzutage viel zu viel CO_2 durch verschiedene Bereiche entsteht. Es muss eine Lösung gefunden werden, wie man CO_2 in einem anderen Bereich umwandeln kann, damit gar kein prozentualer Anteil von CO_2 ausgestoßen wird, wenn wir eine gesunde und voll zu erwartende Zukunft haben wollen. Wenn jetzt die Rede über die Zukunft ist, dann möchte ich hier auch die neue Revolution erwähnen, welche in wenigen Jahren in diesem Universum vorkommen wird. Ich mache hier ein kleines Beispiel, um sie sich vorstellen zu können. Was wäre, wenn es in diesem Universum keine Katzen geben würde? Wie würde der Mensch reagieren, wenn er oder sie zum ersten Mal eine Katze sehen würde? Wir würden sehr wahrscheinlich uns fragen, was für Lebewesen dies sind. Ist sie gefährlich oder nicht. Zusammenfassend lässt sich sagen, dass wir die Katzen zuerst mal interessant finden würden, denn so was haben wir noch nie gesehen. Aber im Laufe der Zeit würden wir merken und entdecken, dass die Katzen gar nicht so gefährlich sind. Im Laufe der Zeit würden wir uns daran gewöhnen, und das Ganze würde dann für uns normal sein. Wozu ich kommen möchte, ist, dass wir uns an künstliche Intelligenz in wenigen Jahren gewöhnen müssen. Und dies wird als eine neue Revolution bezeichnet. Die Zukunft wird sich stark in wenigen Jahren ändern, und zwar in vielen Aspekten.

Aber was ist überhaupt die Zukunft, wir sind doch in der Zukunft, oder nicht? Doch, wir befinden uns zu jeder Zeit in der Zukunft. Und ich bin mir sicher, dass wir mit jetziger beziehungsweise mit dieser momentanen Zukunft glücklich sind.

Sie: Was meinen Sie, wieso gibt es Fälle, wo Eltern kranke Kinder bekommen?

Ich: Das ist eine Frage, mit der ich mich ungern befasse. Ich bitte Sie aber um Verständnis, falls Sie mit meiner Antwort auf diese Frage einverstanden sind. Ein solcher Fall wird nur von einem dieser beiden Fälle betroffen. Entweder liegt ein solcher Fall an Biologie, oder an Gott. Und deshalb mache ich zwei Beispiele, welche in zwei Schritten beantwortet werden. Wenn wir nur die Biologie in diesem Fall betrachten, dann kommen wir auf dieses Ergebnis. Die Biologie sagt, gesunde Eltern können auch kranke Kinder bekommen. Kranke Eltern können auch gesunde Kinder bekommen. Was ich noch hier erwähnen möchte, ist, dass manche Frauen in der Schwangerschaft gefährliche chemische Substanzen einnehmen. Diese Substanzen können dazu führen, dass am Schluss das Kind nicht gesund auf diese Welt kommt. Unter chemischen Substanzen versteht man Drogen, Nikotin, Koffein, Alkohol usw. Wenn wir aber dieses Problem anders betrachten, dann muss hier auch gesagt werden, dass der Gott weder lieb noch böse sein kann. Er kann erst dann böse sein, wenn wir gegen die naturalen Gesetze verstoßen. Die Bestrafung des Gottes kann schmerzhaft sein.

Sie: Was finden Sie besonders interessant am menschlichen Gehirn?

Am interessantesten finde ich, wie unser Gehirn in der Lage ist, jederzeit diese neuen neuralen Zellen zu bilden. Wenn wir zum Beispiel etwas Neues lernen, dann werden diese neuen neuralen Zellen gebildet, welche als eine Programmierung bezeichnet werden. Dadurch dass man etwas Neues lernt, wird dies für unsere Persönlichkeit eine Auswirkung haben. Wenn man etwas Neues lernt, dann heißt dies, dass man etwas mehr weiß. Und das Wissen bringt uns dazu, verschiedene Entscheidungen zu treffen. Wenn wir neue Entscheidungen treffen, dann wird auch unser Leben sich ändern. Es fängt alles im Gehirn an, und falls wir uns fragen, wer sind wir, dann wird diese Frage mithilfe unseres Gehirns beantwortet. Ich bin das, wie ich mich gerade befinde. Alles, was ich bis jetzt für mich erreicht habe, beziehungsweise was ich erzielt habe, und wie ich meinen Lebensstil für mich zusammengebaut habe, das bin ich. Unser Leben fängt wirklich in unserem Gehirn an.

Sie: Wie bezeichnen Sie den Begriff Erfolg?

Ich: Ich persönlich finde das Wort Erfolg sehr interessant, denn ein erfolgreicher Mensch zu sein oder zu werden, ist gar nicht so schwierig. Man muss einfach das Interesse und den Willen haben. Die meisten denken, erfolgreich wird man erst dann, wenn man superreich ist. Ich bin damit nicht einverstanden, wenn die Leute denken, dass Erfolg nur für die reichen Leute gilt. Egal was wir machen, egal wo wir uns befinden, wir können immer erfolgreich sein. Erfolg hängt stark von der Erzielung der positiven Dinge ab, die wir jeden Tag erzielen können. Es heißt nicht, dass man zu 100 Prozent an einem Tag bei allen Dingen, mit denen wir uns befassen, positive Ergebnisse erreichen kann. Wenn man an einem Tag nur bei einem Prozent an irgendetwas einen Fortschritt sieht, dann soll man sich darüber freuen. Nehmen wir mal an, Sie wollen endlich etwas verstehen, was Sie schon lange begreifen wollten. Fangen Sie ab morgen an, nur ein Prozent davon zu verstehen. Man sagt, um etwas beherrschen zu können, muss man zu 100 Prozent das Wissen darüber haben. Aber wir wollen nur ein Prozent an einem Tag erzielen. Wenn Sie jetzt jeden Tag nur ein Prozent das Wissen auf dieses Thema erhöhen, werden Sie in 50 Tagen 50 Prozent des Wissens zu diesem Thema haben, das Sie endlich verstehen wollten. Das heißt, nach 100 Tagen werden Sie dieses Thema zu 100 Prozent im Griff haben.

Vergessen Sie nicht, dass der Erfolg in einem Bereich Zeit braucht. Die Disziplin spielt eine sehr große Rolle im Bereich Erfolg. Ohne Disziplin kann leider der Erfolg nicht erzielt werden. Disziplin bringt die Gewohnheit an einer Beschäftigung, und die Beschäftigung bringt den Erfolg.

Wenn ich jetzt für meine Persönlichkeit diese Frage beantworte, dann werden Sie mich besser im Bereich Erfolg verstehen. Für mich bedeutet Erfolg, wenn ich jeden Tag egal in welchem Bereich Fortschritte mache. Ich weiß aber, dass man dafür Disziplin braucht. Und Disziplin ist das Schwierigste für die meisten. Aber glauben

Sie mir, Disziplin ist nichts anderes als eine Gewohnheit. Nur die ersten paar Tage werden schwierig sein, sich an Disziplin zu halten. Das Ganze bezieht sich auf Programmierung der neuen Neuronen in unserem Gehirn. Ich mache gerne nochmals ein Beispiel dazu. Nehmen wir mal an: Sie wollen acht Stunden am Tag für irgendetwas verbringen, was für Ihre Karriere wichtig ist. Am ersten Tag wird es Ihnen sehr schwerfallen, diese acht Stunden für Ihre Karriere zu verbringen, weil eben dies für dein Gehirn neu ist. Schon am ersten Tag fängt es an, in Ihrem Gehirn diese neuen Netze zu kreieren. Und nach dreißig Tagen werden Sie selber merken, dass es für Sie ganz normal sein wird, acht Stunden am Tag für Ihre Karriere zu verbringen, und auf diese Weise werden auch die Neuronen fest mit anderen vorherigen Neuronen zusammen befestigt. Und Sie werden bereits die Disziplin in Ihrem Gehirn programmieren, und Ihr Gehirn wird dies akzeptieren. Nochmals möchte ich hier betonen, egal wo Sie sich befinden, der Erfolg findet überall statt. Der Erfolg hängt stark von dem ab, was wir machen und mit was wir uns befassen.

Sie: Sie sind nur 24 Jahre alt, wieso haben Sie sich entschieden, ein Buch zu schreiben?

Ich: Das ist tatsächlich eine Frage, die ich gern beantworten mag. Als Erstes möchte ich gerne hierbei betonen, dass von Anfang an das Buch schon um die Physik ging. Ich habe das Fach Physik unendlich gerne, und dies hat mich auch dazu gebracht, Dinge zu beweisen, die uns nicht klar sind. Ich habe in meinem Leben verschiedene Bücher gelesen, die von bekannten Schrifttellern geschrieben wurden. Ich weiß, dass ich nur 24 Jahre alt bin. Ich habe aber seit dem Jahr 2015 jeden Tag neun bis zehn Stunden am Tag gelernt. Dadurch hatte ich die Gelegenheit, exponentiell Erfahrungen zu sammeln. Ich weiß, dass ich nicht der Einzige bin, der acht bis zehn Stunden am Tag lernt. Ich bin sehr froh über das, was ich alles erzielt habe. Jeder Tag, egal mit was ich mich befasse, wird für mich als ein Erfolg bezeichnet. Und dies wollte ich auch in diesem Buch mitteilen. Ich wollte hierbei mitteilen, dass man das Gehirn so wie man möchte programmieren kann. Wir leben in einem Universum, wo wir alles erzielen können, was wir möchten. Und wie Sie es hier gesehen haben, habe ich auch das Experiment durchgeführt, wie die künstliche Intelligenz etwas Neues lernt. Und genauso lernen wir auch, das heißt, wir programmieren uns (»psychologisch bewiesen«).

Es ist faktisch, dass ich auch festgestellt habe, dass es einen Gott geben muss. Ich habe aber dazu kein Experiment durchführen können, ich habe aber anhand der Physik erklärt, was für uns klar sein soll. Als Nächstes habe ich anhand der Zeichnung erklärt, wie der Raum der Gravitation in diesem Universum aussieht. Beziehungsweise wieso vergeht die Zeit manchmal schneller und manchmal langsamer. Nun, ich möchte mich noch hier bei Ihnen entschuldigen, falls Sie mit einem Satz meines Buches nicht einverstanden sind.

Sie: Haben Sie noch irgendwelche Ziele, die Sie verwirklichen möchten?

Ich: Auf jeden Fall habe ich noch viele Ziele, die ich in diesem Universum verwirklichen möchte. Ich bin mir aber sicher, dass ich nicht der Einzige bin, der Ziele hat. Jeder Mensch auf dieser Welt hat Ziele. Wenn wir keine Ziele haben würden, dann würde dieses Leben so langweilig sein. Die Ziele werden als Hoffnungen bezeichnet. Und als Hoffnung wird unser Leben bezeichnet. Die Ziele können uns voraussagen, wo wir uns in der Zukunft befinden wollen. Die Ziele können uns ungefähr sagen, wie unser Leben in der Zukunft aussehen wird. Und der Willen des Lebens hängt stark von Zielen ab.

Sie: Ist es Gott, der uns auf diese Welt gebracht hat, oder ist es die Natur?

Ich: Eine sehr gute Frage. Also ohne Physik kann ich leider diese Frage nicht beantworten. Es gab ganz am Anfang ein Ziel. Dieses Ziel wurde in der Realität verwirklicht. Dadurch dass dieses Ziel verwirklicht worden ist, ist dadurch auch die Natur entstanden. Der Gott ist der, der eben die Natur geschaffen hat. Und alles das, was wir sehen, ist nicht von alleine auf dieser Welt angekommen. Nochmals, der Gott hat die Natur geschaffen. Und der Gott hat die Natur so zusammengebaut, dass die Natur auch ein paar Aufgaben dieses ganzen Sonnensystems übernehmen darf. Mit einem Satz möchte ich das Ganze so zusammenfassen. Wir müssen es uns so vorstellen: Das Sonnensystem befindet sich in einem solchen Platz wie unser Gehirn. Das Gehirn besteht aus Zellen. Wenn die Zellen Augen hätten, hätten die es nie geschafft, die äußere Welt zu sehen, wie unsere Augen es sehen. In diesem Fall: Unser Sonnensystem befindet sich in einer solchen Situation wie unsere Zellen. Wir können sehen, was sich innerhalb unseres Sonnensystems befindet, was es aber außerhalb dieses Sonnensystem gibt, können wir nicht sehen. Sehr gerne werde ich Ihnen diesen Satz visuell erklären, indem Sie dieses Bild anschauen.

Galaxien – ferne Sternsysteme | Sterne & Galaxien | Sterngucker | BR (br-online.de)

Sie: Wenn es einen Gott gäbe, was war sein Ziel?

Ich: Als Erstes möchte ich hier ankündigen, dass es nach meiner Ansicht einen Gott gibt. Der Gott hat viele Ziele gehabt. Für den Gott waren wir Menschen nicht die einzigen Ziele, die er hatte. Betrachten wir mal nur das Sonnensystem, dann werden wir sehen, welche Ziele der

Gott hatte nur für die Galaxie, in der wir uns befinden. Es gibt aber viele andere Galaxien, von denen wir nicht wissen, ob es dort was gibt oder nicht. Wie können wir alle Ziele des Gottes verstehen wollen oder auch nicht verstehen. Wir wollen nur das Ziel verstehen, welches die Menschen betrifft. Dem Gott waren wir in diesem Universum das Ziel. Der Gott wollte Menschen in dieses Universum bringen. Wir sind aber hier nicht als Zufall entstanden, sonst macht es gar keinen Sinn. Wieso der Gott sich für die Menschen entschieden hat, das weiß keiner. Aber wenn Sie sich fragen, wieso leben wir und was ist das Ziel, dann sollen Sie zuerst ein paar Fragen beantworten. Was stört Sie in diesem Universum, und was hat Sie dazu gebracht, auf diese Frage zu kommen? Jeder Mensch, der in diesem Universum lebt, hat Probleme. Man muss einfach nur die Probleme verstehen. Wie entstehen die Probleme, und wie findet man eine Lösung dafür? Wenn man keine Probleme hat, wird man automatisch zufrieden mit diesem Universum und mit sich selbst sein. Man wird sogar auch dankbar, dass man hier in diesem Universum existiert. Ich mache sehr gerne nochmals ein einfaches Beispiel hierzu. Ich habe eine Frage für diejenigen, die sich eben fragen, was das Ziel des Gottes war. Wieso haben unsere Eltern sich für uns entschieden? Wieso findet überall ein Bevölkerungswachstum statt? Worauf ich kommen möchte ist, wieso wollen zwei Paare Kinder haben, was ist dabei das Ziel? Wenn Sie diese Frage betrifft, dann werden Sie gleich die Frage selber beantworten können, die gestellt wurde, nämlich was das Ziel des Gottes war, beziehungsweise wieso waren das Ziele des Gottes.

Sie: Ich bin nicht damit einverstanden, dass Gott als maskulin bezeichnet wird.

Ich: Ich bin mir sicher, das keiner weiß, wie der Gott aussieht. Was für ein Geschlecht der Gott hat, das weiß keiner. Ich gehe aber wie alle anderen davon aus, dass der Gott als maskulin bezeichnet wird. Wie ich schon in diesem Buch erwähnt habe, braucht man unendlich Kraft, um so eine Galaxie zusammenbauen zu können. Nun, in diesem Zusammenhang habe ich meine Meinung zu diesem Thema geäußert. Ich könnte den Gott mehr oder weniger mathematisch beschreiben. Als Erstes soll hier klargemacht werden, dass sowohl Menschen als unser Sonnensystem sich in einer Galaxie befinden. Diese Galaxie wird als Milchstraße bezeichnet. Die Wissenschaftler gehen davon aus, dass es ungefähr 100 Milliarden Galaxien gibt. Ich betone hier nochmals, dass wir in einer Galaxie von diesen 100 Milliarden leben. Da stellt sich jetzt die Frage, wie groß ist unsere Galaxie, in der wir uns befinden, beziehungsweise unsere Milchstraße. Die Physiker haben festgestellt, dass unsere Milchstraße einen Radius von 52,850 Lichtjahren hat. Ein Lichtjahr in Kilometern ergibt 9,4605 Billionen Kilometer. Hierbei lässt sich sagen, dass sowohl die Milchstraße als auch die anderen Galaxien sich in einem Raum befinden. Nun fragen Sie nicht, wie groß dieser Raum sein muss. Wissen Sie, hierbei ging es um gigantische Zahlen. Aber nochmals zu unserem Thema Gott. Ich kann das Volumen des Gottes als eine Zahl beschreiben, die »unendlich« ist. Wenn man über das Geschlecht des Gottes spricht, wird es als ein Zufall bezeichnet, denn niemand weiß, wie Gott aussieht. Ich habe aber in dem Kapitel »Existiert Gott?« den Gott als maskulin bezeichnet. Ich ging davon aus, so wie die anderen Milliarden Menschen.

Sie: Hätte man hier auch komplexe physikalische Formeln verwenden können?

Ich: Ich hätte auf jeden Fall komplexe Formeln hier anwenden können, ich wollte es aber nicht. Ich mag nicht, wenn das Fach Physik von Menschen gehasst wird. Aber ein paar logische Formeln habe ich schon in diesem Buch präsentiert. Im Fach Physik hat man nicht die Gelegenheit, nur formell die Sachen zu begründen und zu beweisen, man kann auch alle diese Fakten schriftlich beziehungsweise alphabetisch begründen und beweisen. Man muss zwei Dinge in der Physik und der Mathematik unterscheiden. Man kann die Geheimnisse des Universums mündlich mithilfe von Mathematik und Physik erklären. Um zu 100 Prozent sicherzustellen, dass diese Dinge in diesem Universum übereinstimmen, muss man sie berechnen. Man sagt, wenn man sowohl schriftlich als auch mündlich auf dasselbe Ergebnis kommt, dann sollte man sich keine Sorgen mehr darüber machen.

Sie: Haben Sie alles gesagt, was Sie tatsächlich in diesem Buch sagen wollten?

Ich: Ich habe versucht, dieses Buch möglichst logisch zusammenzufassen. Ich habe bei allen Themen, welche sich auf dieses Buch beziehen, das gesagt, wo ich tatsächlich das Wahre und den Beweis gesehen habe. Es ist mir in diesem Buch nur ein einziges Thema nicht vollständig beantwortbar. Ich hätte noch vieles über die künstliche Intelligenz sagen können, habe mich aber schließlich entschieden, nicht mehr dazu zu sagen. Ich habe aber schon erwähnt, dass künstliche Intelligenz ihre Vorteile und Nachteile hat. Es ist uns auch klar, dass es in wenigen Jahren eine neue Revolution zwischen Menschen und Robotern geben wird. Ich möchte aber dieses Thema mit einem Satz abschließen. Wir befinden uns in der Zukunft jeder Zeit. Ich bitte Sie das Leben jeden Tag zu lieben und es zu genießen. Denn das Leben ist schön, es ist schade, ein solches wunderschönes Leben nicht zu genießen. Wissen Sie, bitte lieber heute, morgen auch, falls die Gelegenheit zur Verfügung steht.

Sie: Hat das Universum eine eigene Sprache?

Ich: Das ist eine Frage, welche ich unendlich mag. Ich bin mir ziemlich sicher, dass unsere Galaxie eine Sprache hat, welche sich mathematisch und physikalisch erklären lässt. Als Beispiel wird die Kraft als eine solche Sprache bezeichnet. Wir können die Kraft zwischen der Sonne und der Erde berechnen. Und wenn wir das Resultat erhalten, dann können wir feststellen, dass in diesem Fall diese zwei Planeten physikalisch kommunizieren. Aber wenn wir nur unsere Erde betrachten, dann stellt man fest, dass die Erde nichts anderes als eine Kugel ist. Mithilfe von Geometrie kann man exakt den Radius, Flächen und Volumen der Erde berechnen.

Nun um sich visuell diese Sprache des Universums vorstellen zu können, betrachten wir nochmals den Tag und die Nacht. Wieso ist es während des Tages hell und während der Nacht dunkel? Wir wir bereits wissen, dreht die Erde sich. Diese Drehung der Erde hat eine Geschwindigkeit, welche sich mithilfe der Physik berechnen lässt. Wir wissen aber auch, dass die Sonne Lichtenergie in einer Form von Wellen freisetzt. Das heißt, wenn unser Standort und die Sonne vertikal gegenüber sind, wird das bei uns als Tag bezeichnet. Und wenn die Erde sich weiterdreht, wird unser Standort nicht mehr eine vertikale Achse gegenüber der Sonne haben, somit wird dies als dunkel bezeichnet. Wie man hier sehen kann, lässt sich dieser Prozess physikalisch und mathematisch beweisen. Nun, da muss aber auch gesagt werden, dass die Erde mit uns indirekt kommuniziert. Damit meine ich, dass die Erdrotation eine Geschwindigkeit besitzt. Diese Geschwindigkeit ist auch für die Zeit zuständig. Das heißt, dass diese Geschwindigkeit der Erde unseren Tag und unsere Nacht bestimmt. Was könnte passieren, wenn die Erde eine schnellere Rotation haben würde? Dann würde die Zeit langsamer vergehen, und dadurch würde es auch schneller dunkel und schneller hell werden. Was wäre, wenn die Erde eine langsamere Rotation haben würde? Dann würde die Zeit schneller vergehen und wir würden mehr dunkel und hell auf diesem Universum haben. Dieser Prozess wird als eine Kommunikation zwischen den Menschen und der Erde bezeichnet.

Sie: Ich habe nie das Fach Physik verstanden, wieso ist das so?

Ich: Als Erstes muss hier gesagt werden, dass das Fach Physik aus verschiedenen Themen besteht. Jedes Thema bezieht sich auf verschiedene Fälle, die in diesem Planetensystem stattfinden. Ich stelle hier fest, dass sowohl die Physik als auch die Mathematik aus grundlegenden Bausteinen besteht. Das Problem in diesen zwei Fächern ist, dass man zuerst die Basis verstehen muss, um sich in diese zwei Fächer vertiefen zu können. Es ist unheimlich wichtig, dass man sich auch die Fälle, welche sich auf Physik und Mathematik beziehen, visuell vorstellt. Das menschliche Gehirn kann nicht etwas verstehen, wenn wir es ihm nicht beweisen. Wir müssen jedes Thema in kleine Schritte zerlegen, um es verstehen zu können. Wenn wir jetzt nur das Fach Physik betrachten, dann stellen wir fest, dass dieses Fach überall im Alltag stattfindet. Fast alles, was wir im Alltag sehen, hat einen Zusammenhang mit Physik. Deshalb hat man so viele Möglichkeiten, sich visuell dieses Thema vorzustellen. Es ist aber auch hier wichtig, dass man sich Zeit geben soll. In der Physik und Mathematik geht es um nichts anderes, als Probleme zu lösen. Und um ein Problem lösen zu können, muss man sich dafür Zeit nehmen. Die Überlegungen in solchen Fällen sind unendlich wichtig, um mathematische und physikalische Probleme lösen zu können.

Hierbei möchte ich noch etwas Wichtiges sagen. Überlegen wir uns einmal, was ein fünfjähriges Kind alles kann. Wenn Sie es fragen würden, ob es ein Problem im Bereich Physik lösen kann, wird das Kind sehr wahrscheinlich Ihnen nicht helfen können, da es noch nicht fähig ist, Probleme zu lösen. Nehmen wir mal an, 17 Jahre später kann dieses Kind dieses Problem lösen, welches Sie für dieses Kind hatten, als es fünf Jahre alt war. Was ich hierzu sagen möchte, ist, dass man nicht auf diese Welt mit Wissen kommt. Übung macht den Meister, das ist ein Spruch, welchen ich sehr mag. Was ich noch hierzu sagen möchte, ist, dass die Leute sich nicht trauen, Fehler zu machen. Vergessen Sie es nicht, wenn man etwas Neues lernen möchte, dann gehören die Fehler auch dazu. Wenn Sie nichts Neues lernen möchten, werden Sie auf diese Weise nie einen Fehler machen. Aber das wollen wir nicht, wir wollen immer etwas Neues lernen, und wir wollen auch mutig sein, Fehler zu machen. Wenn die Kinder sich nicht trauen würden, würden sie nie die Muttersprache lernen. Die Kinder sind aber mutig, die machen ständig Fehler, bis sie die Sprache gelernt haben. Die erfolgreichen Leute hätten es nie geschafft, erfolgreich zu sein, wenn sie Angst vor Fehlern haben würden.

Sie: Wenn Sie sagen, dass wir programmiert sind, was steckt dann alles hinter Lernen?

Ich: In erster Linie muss hier gesagt werden, dass wir zwei Dinge unterscheiden sollen. Nämlich was muss ich lernen, und wofür muss ich lernen. Hier zu diesem Anlass möchte ich nur das Thema lernen für die Schule und die Universität betrachten. Wenn wir etwas entweder für die Schule oder für die Universität lernen müssen, wird dies als eine Aufgabe bezeichnet. Betrachten wir zuerst nur die Schule, um das nachvollziehen zu können. Wie wir alle wissen, werden zuerst in der Schule die Themen in allen Fächern von unseren Lehrkräften angekündigt und dann werden die Schüler ein paar Wochen später darüber eine Prüfung ablegen müssen. Die Lehrkräfte erklären während des Unterrichts, was die Schüler können müssen. Für die Universität gilt dasselbe. An die Universität halten die Professoren ihre Vorlesungen, worüber am Ende des Semesters die Studenten getestet werden. Somit können wir genau sehen, dass in beiden Fällen das Lernen verlangt wird. Sich mit einem neuen Thema zu befassen, bedeutet eine Auseinandersetzung mit einem fremden Thema, welches verstanden werden muss. Als Nächstes stellt sich die Frage, wie lerne ich das, was ich nicht kann. Das ist eine gute Frage, welche ich Schritt für Schritt auf den nächsten Seiten aufklären werde. Noch ein weiteres Beispiel möchte ich hierzu sehr gerne anfügen. Wenn wir etwas Neues lernen, dann ist es nichts anderes, als etwas in unserem Gehirn abzuspeichern, was wir in unserem Gehirn nicht haben. Bis jetzt war die Rede nur vom Lernen, beziehungsweise was ist überhaupt lernen. Als Nächstes werden Sie sich informieren, ob die Ziele zum Lernen gehören, beziehungsweise ob sie uns das Lernen vereinfachen können.

Als Nächstes möchte ich gerne auf das Thema Ziel eingehen, das besonders wichtig beim Lernen ist. Stellen Sie sich mal etwas anderes vor: Nämlich was hätte alles passieren können, wenn erfolgreiche Menschen keine Ziele gehabt hätten. Sie würden nie den Erfolg in ihrem Leben realisieren, wenn sie kein Ziel vor Augen gehabt hätten. Ich habe das Wort Ziel auch in meinem Buch erwähnt, weil es so wichtig ist. Ich bringe ein weiteres Beispiel dazu, welches sich auf das Ziel bezieht. Ich habe vorhin gesagt, dass man ständig sowohl in der Schule als auch in der Universität geprüft wird. Die Studierenden werden geprüft, weil es das Ziel der Lehrkräfte und der Professoren ist, dass die Studierenden das Thema begriffen haben. Außerdem sollen die Studierenden das Ziel vor sich haben, die Prüfungen erfolgreich hinter sich zu lassen. Wir wollen uns ausbilden lassen, weil es unser Ziel ist, uns irgendwann in der Zukunft mit einem Job zu befassen, welchen wir in unserem Leben ausüben wollen.

Wenn Sie aber als ein Student/eine Studentin kein Ziel von Anfang an haben, dann werden Sie mit dem Lernen eines neuen Themas Mühe haben, beziehungsweise Sie werden nicht genug motiviert sein, sich auf die Prüfungen vorzubereiten. Und wenn Sie nicht genug motiviert sind, dann können Sie auch nicht richtig lernen. Wenn Sie nicht richtig lernen, dann werden Sie ein schlechtes Ergebnis erzielen. Und wenn Sie ein schlechtes Ergebnis bekommen, dann werden Sie die Lehrkräfte, die Professoren hassen. Dieser Hass wird Ihnen kein glückliches Leben ermöglichen. Jetzt können Sie sehen, wie wichtig es ist, ein klares Ziel zu haben.

Ich möchte hier als Erstes klarmachen, dass ich bis heute seit Jahren vielen Studierenden in drei Fächern geholfen habe, als sie nicht mehr mit einem Thema vorwärtskamen. Ich habe sie immer nach Lernstrategien gefragt, beziehungsweise wie sie sich auf eine Prüfung vorbereiten. Es muss hier gesagt werden, dass die meisten davon keine richtigen Lernstrategien gehabt haben. Und deshalb haben sie auch kein gutes Ergebnis erzielen können.

In diesem Fall werde ich mithilfe von einer programmierten Graphik zeigen, was für eine Rolle die Lernstrategien haben. Bevor ich Ihnen die Graphik aufzeige, möchte ich Ihnen Schritt für Schritt erklären, worauf Sie beim Lernen von Angang an achten sollen.

Schritt 1) Setzen Sie sich ein Ziel, das Sie an dem Tag lernen möchten.
Schritt 2) Machen Sie sich klar, weshalb Sie lernen möchten.
Schritt 3) Lernen Sie dort, wo Sie sich wohl fühlen.
Schritt 4) Räumen Sie Ihren Schreibtisch auf.
Schritt 5) Legen Sie Ihr Handy während des Lernens weg.
Schritt 6) Lassen Sie sich nicht ablenken.
Schritt 7) Wasser ausreichend während des Lernens trinken.
Schritt 8) Lernen Sie mit Pausen.
Schritt 9) Lernen Sie durch hören, lesen und sehen.
Schritt 9) Machen Sie eine Mindmap, ohne dass Sie auf das Buch schauen.
Schritt 10) Sprechen Sie laut das, was Sie über das Thema wissen.

Bitte achten Sie darauf, dass Sie mit Pausen lernen. Sie werden jetzt sehen, wie wichtig die Pausen während des Lernens sind. Eine Graphik zeigt Ihnen, was Sie für eine Leistung in Laufe der Zeit haben können, wenn Sie mit

Pause lernen. Die andere Graphik zeigt Ihnen, was Sie für eine Leistung im Laufe der Zeit bringen werden, wenn Sie ohne Pause lernen.

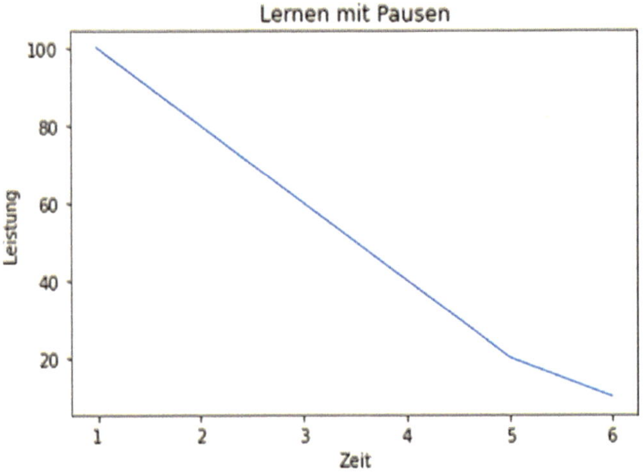

Als Erstes soll die Graphik erklärt werden, was alles dahintersteckt. Die Zeit liegt auf der X-Achse, und die Leistung auf der Y-Achse.

Gemäß dieser Graphik sieht so die Leistung aus, wenn wir mit Pausen lernen würden. Wenn Sie 6 Stunden am Tag lernen, und dabei in jeder Stunde eine kleine Pause machen, dann werden Sie diese Leistung aufbringen. Nach einer Stunde wird Ihre Leistung auf 100 % liegen. Nach zwei Stunden wird Ihre Leistung auf 90 % liegen, nach 3 Stunden auf 60 %, nach 4 Stunden auf 40 % und nach 5 Stunden liegt Ihre Leistung auf 20 %. Das bedeutet, dass das menschliche Gehirn nach 6 Stunden nur noch 10–5 % Leistung aufbringen kann.

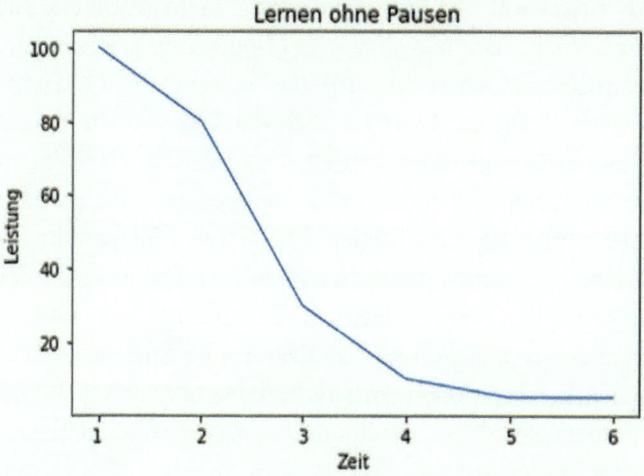

Hier ist dasselbe Prinzip wie bei der obigen Graphik. Das, was sich hier geändert hat, ist die Leistung. Hier kann man sehen, wie die Kurve verläuft, wenn wir ohne Pause lernen. In der ersten Stunde liegt die Leistung auf 100 %, nach der zweiten Stunde sinkt die Leistung auf 80 %, nach der dritten Stunde sinkt die Leistung stark monoton ab. Und nach 4 Stunden werden Sie nicht mehr als 5–10% Leistung aufbringen. Das liegt eben daran, wenn Sie ohne Pausen lernen.

Hinweis: Die beiden Graphiken sind von mir, Negjmedin Kerellaj, mithilfe einer Programmiersprache programmiert worden.

Dieses Experiment wurde mit 25 Probanden durchgeführt, als ich meine Maturaarbeit geschrieben habe.

Als Erstes soll uns klar sein, welche Gehirnbereiche für das Lernen zuständig sind. Der Hippocampus ist der Ort in unserem Gehirn, der für das Lernen und Gedächtnis zuständig ist. Dort ist auch der Ort, wo die neuen Nervenzellen gebildet werden. Das menschliche Gehirn besitzt bereits 100 Milliarden Nervenzellen, die ständig miteinander kommunizieren. Die Nervenzelle besteht aus Zellkern, Dendrit, Axon, Synapsen usw. Die Aufgabe der Nervenzellen besteht darin, Reize aufzunehmen und an andere Nervenzellen weiterzuleiten. Der Speicherort der neuen Informationen wird als Synapse bezeichnet. Wenn Sie aber etwas Neues lernen und es regelmäßig repetieren, dann werden auf diese Weise die Kontakte zwischen den Nervenzellen verstärkt, und somit entsteht ein Langzeitgedächtnis. Wenn Sie aber neue Informationen im Gehirn speichern möchten, dann müssen Sie diese Information wiederholen. Die neuen Informationen werden erst dann von unserem Gehirn als unwichtig eingestuft, wenn wir sie nicht repetieren. Wie schon bisher gesagt worden ist, werden mithilfe der Reize die Informationen in unserem Gehirn aufgenommen. Versuchen Sie aber, die Information des neuen Lernens nicht nur durch die Augen aufzunehmen, sondern auch durch Hören. Wenn Sie diesen ersten Schritt gemacht haben, dann legen Sie ein sauberes Blatt vor sich und schreiben alles auf, was Sie über das neue Thema wissen. Danach sprechen Sie alles aus, was Sie über das neue Thema bereits gelernt haben.

Nun, ich möchte nochmals alles zusammenfassen, was ich über das Lernen angekündigt habe, so dass Sie auch eine bessere Übersicht haben können.

Schritt 1) Fangen Sie an, sich mit dem neuen Thema zu beschäftigen.

Schritt 2) Nehmen Sie die Reize nicht nur durch die Augen, sondern auch durch Hören auf.

Schritt 3) Schreiben Sie das auf, was Sie bereits gelernt haben.

Schritt 4) Sprechen Sie das aus, was Sie bereits gelernt haben.

Schritt 5) Versuchen Sie visuell zu lernen.

Schritt 6) Repetieren Sie am nächsten Morgen, was Sie heute gelernt haben.

Hinweis: Vergleichen Sie das, was Sie gerade lernen, mit der Realität. Dazu mache ich sehr gerne ein Beispiel.

Fall 1) Person X hat einen Stein in der Hand, den er mit seiner vollen Kraft nach Richtung x-Achse werfen möchte. Person X wiegt 88 kg und ist 24 Jahre alt. Was für eine Endstrecke wird der Stein erreichen?

Hinweis: Diese Aufgabe lässt sich mithilfe von Physik lösen.

Wenn Sie jetzt diese Aufgabe lösen, und das Ergebnis erzielen, bitte ich Sie, sich diese Situation visuell vorzustellen. Wenn Sie sagen, dass der Stein die maximale

Endstrecke von zwei Metern erreicht, dann vergleichen Sie diese Situation mit der Realität. Kann das wirklich sein, dass die Person, die 88 kg wiegt, nur so viel Kraft hat. Die Antwort: Nein, das kann in der Realität nicht wahr sein.

Sie: Wieso gibt es das Sterben?

Ich: Das ist eine Frage, welche ich doch irgendwie beantworten möchte. Wie Sie schon bis jetzt bemerkt haben, erkläre ich die Fragen immer anhand eines Beispiels. Das heißt, diese Frage wird ebenso anhand eines Beispiels beantwortet. Wieso sterben Menschen?! Zuerst möchte ich hier das Wort Amygdala erwähnen. In unserem Gehirn gibt es einen Bereich, wo sich dieses Organ Amygdala befindet. Amygdala ist zuständig für die Angst. Es sorgt dafür, in gefährlichen Situationen Angst zu haben. Das heißt, sobald wir in diese Welt gekommen sind, war Amygdala bereits im Gehirn programmiert. Achtung: Ich habe in diesem Buch festgestellt, dass Menschen programmiert sind. Ich meine aber nicht, dass Menschen so wie Computer programmiert sind, beziehungsweise dass Menschen solche Codes besitzen wie Computer. Bei Menschen sind die Organe programmiert, welche unterschiedliche Aufgaben haben. Zurück zum Thema. Nehmen wir mal an, Menschen würden nicht mehr sterben. Was könnte alles passieren, wenn das wirklich so wäre? Meine erste Argumentation für diesen Fall ist, es würde zu viele Leute in diesem Universum geben und nichts würde mehr übereinstimmen. Zum Beispiel: Was könnte passieren, wenn wir 100 Mäuse in einen geschlossenen Raum einsperren würden? Als Erstes: Wenn die Mäuse nicht ernährt werden, würden sie anfangen, sich gegenseitig zu fressen. Nur die Stärksten würden überleben. Bei Menschen wäre das aber nicht so der Fall wie bei Mäusen, weil wir von der Natur her verantwortlich für uns selbst sind, beziehungsweise wir handeln, und davon leben wir. Aber trotzdem, wenn die Anzahl der Menschen enorm exponentiell zunimmt, dann wird es in allen Aspekten gefährlich. Wir haben angenommen, Menschen würden nie sterben. Was könnte noch davon entstehen? Eins weiß ich, dass niemand mehr sagen würde, dass es nach dem Tod ein anderes Leben im Paradiese gibt. Außerdem würde der Mensch dann verstehen, dass wir nie mehr sterben können. Das menschliche Gehirn ist ein sehr komplexes Organ. Die Menschen halten sich an Gesetze, weil sie Angst haben, dass mit ihnen irgendetwas passieren könnte. Menschen halten sich an Gesetze, weil sie keine Probleme haben möchten. Durch Probleme können dramatische Dinge passieren, welche sich auf den Tod beziehen. Anders gesagt: Die Leute wollen leben und nicht von irgendjemand hingerichtet werden. Der Begriff Tod hemmt die dramatischen Probleme, welche durch die Menschen entstehen können. Das bedeutet Tod.

Sie: Gibt es Zusammenhänge zwischen Quantenphysik und Menschen?

Ich: Das, was existiert, das, was nicht existiert, etwas Drittes gibt es nicht? Doch es gibt noch etwas Drittes, was existiert, aber es ist unsichtbar. Ich bin mir ziemlich sicher, dass Sie wissen, was genau Protonen, Neutronen und Elektronen sind. Falls Sie es nicht wissen, ist es gar nicht so schlimm. Die Atome sind diejenigen, die aus Protonen, Neutronen und Elektronen bestehen. Als Beispiel nehme ich den Sauerstoff. Sauerstoff ist ja ein Atom, welches aus Neutronen, Protonen und Elektronen besteht. Das Wasser ist zum Beispiel auch ein Stoff, welcher aus Protonen, Neutronen und Elektronen besteht. In der Natur sind diese zwei Stoffe mischbar, welche nach der chemischen Reaktion dieser beiden Stoffe als Molekül bezeichnet werden. Wasserstoff wird in der Chemie als H_2 bezeichnet, und Sauerstoff als O. Nun, als eine chemische Reaktion sehen diese beiden Stoffe so aus: $H_2 + O = = > H_2O$ = Wasser. Nun, wenn wir unser Periodensystem betrachten, dann werden wir besser nachvollziehen, wieso es eine solche Reaktion gibt. Wasserstoff liegt in der ersten Hauptgruppe und ist positiv geladen. Sauerstoff liegt in der sechsten Hauptgruppe und ist negativ geladen. Das heißt, Sauerstoff braucht 2 Elektronen, um seine äußerste Schale vollständig füllen zu können. Wasser gibt dem Element O zwei Elektronen ab, welche sofort aufgenommen werden, und schließlich entsteht ja das Molekül H_2O beziehungsweise das Wasser. Es gibt noch viele andere chemische Reaktionen, welche aus Stoffen entstanden. Die Chemiker/-innen können uns so was beweisen, und wir können diese in der Realität wirklich sehen. Gemäß der Physik gehe ich davon aus, dass Menschen auch aus diesen Elektronen, Protonen und Elektronen bestehen. Wie ich dazu gekommen bin, werde ich Ihnen gleich erklären.

Gemäß der Physik wird, dass sich ein Körper bewegen kann, Energie verlangt. Das heißt, wenn wir laufen, wenn wir essen, wenn wir schlafen, dafür werden wir Energie brauchen. Nun, da stellt sich die Frage, wie wir Menschen diese Energie gewinnen. Dadurch dass wir uns regelmäßig ernähren, werden wir auf diese Weise Kohlenhydrate gewinnen, deren Energie in unserem Körper mithilfe von chemischer Reaktion für uns zur Verfügung gestellt wird. Nun unser Körper + Energie wird uns ermöglichen, weiterhin zu leben. Körper + Energie = Leben

In diesem Fall wird für mich das Leben als ein Molekül bezeichnet, und alle Moleküle müssen aus Protonen, Elektronen, Neutronen bestehen.

Als Nächstes betrachten wir doch das Sonnensystem noch einmal genauer. Wir wissen bereits, dass die Sonne in der Mitte ist, und die anderen Planeten um sie herum. Die Sonne an sich ist positiv geladen, wohingegen unsere Erde negativ geladen ist. Wie schon erwähnt worden ist, besteht ein Element aus Protonen, Neutronen, und Elektronen. In diesem Fall hat die Sonne die Rolle der Neutronen und Protonen, und die Erde hat die Rolle der Elektronen. Die Sonne bleibt unbeweglich wie der Atomkern und die Erde befindet sich in einer Bewegung wie die Elektronen, die negativ geladen sind. Es steckt viel mehr hinter Quantenphysik, was eben sehr interessant darüber zu wissen ist. Quantenphysik ist das, was als Drittes existiert.

Ohne Quanten würde es sowohl kein Sonnensystem als auch keine Lebewesen geben. Die Sonne liegt in der

Mitte der anderen Planeten. Das heißt, die Sonne liegt im Mittelpunkt, und die anderen Planeten befinden sich um die Sonne herum. Jeder Planet besitzt einen Abstand zur Sonne, was uns besagt, dass der Abstand zuständig für die Geschwindigkeit der Planeten ist. Wir können uns das Sonnensystem als ein Schalenmodell vorstellen, beziehungsweise die Sonne wird als ein Atomkern bezeichnet, welcher aus Neutronen und Protonen besteht, und die anderen Planeten, die sich um die Sonne herum befinden, werden als Elektronen bezeichnet, welche sich in der Außenschale befinden. Wir wissen aber auch bereits, dass eine Rotation bei allen diesen Planeten stattfindet, welche als Elektronen bezeichnet werden. Nun betrachten wir mal ein Element aus dem Periodensystem. Wie sehen die Protonen, Elektronen, Neutronen bei Sauerstoff aus. Sauerstoff besitzt 8 Protonen, 8 Neuronen, und 8 Elektronen. Die Protonen und Neutronen befinden sich im Kern, und die Elektronen befinden sich außerhalb des Kerns, beziehungsweise die Elektronen sind ständig in einer Bewegung. Das Molekül Sauerstoff ist das, was wir einatmen. Wir nehmen das Molekül Sauerstoff als Luft wahr. Wir können aber dieses Molekül nicht mit den Augen sehen beziehungsweise wahrnehmen. Was wäre, wenn Sauerstoff eine rote Farbe hätte? Wenn es so wäre, dann hätten wir alle Körper nur in Rot sehen können. In diesem Fall müsste der Sauerstoff durchsichtig sein, und somit könnten die Menschen sichtbar sein. Also was wäre, wenn der Mond schwarz aussehen würde? Könnten wir ihn noch sehen oder nicht? Natürlich würden wir nicht die Gelegenheit haben, den Mond zu sehen, wenn er eine schwarze Farbe haben würde. Quantenphysik besagt uns, dass die Körper mithilfe von Quanten sichtbar und funktionsfähig sind.

Was noch bei der Quantenphysik zu beachten ist, ist die Gravitation, die Bewegung der Elektronen, und die Erdgeschwindigkeit. Ich bin mir sicher, dass jeder weiß, wieso sich die Erde um die Sonne dreht und was dies für eine Wirkung hat. Nun, was passiert eigentlich, wenn ein Körper, in diesem Fall die Erde, sich dreht. Dadurch dass die Erde sich um die Sonne dreht, und die Erde eine Kreisrotation macht, wird eine Welle entstehen, die man mit Augen nicht sehen kann. Wichtig, die Erde dreht sich um ihre eigene Achse, und gleichzeitig dreht sich die Erde um die Sonne herum. Das heißt, die Erde setzt zwei Wellen frei, welche auf diesem Universum eine wichtige Rolle spielen. Außerdem können diese Wellen mithilfe der Physik und Mathematik berechnet werden. Man kann sogar feststellen, wie schnell diese beiden Wellen sind, und was sie für ein Sinus-Aussehen haben. Nun, Sie fragen sich sicher, was ist eigentlich damit gemeint? Wofür werden diese Wellen notwendig sein? Ich kann Ihnen hier zwei Dinge erklären, die sich auf diese Welle beziehen, und die eine sehr wichtige Rolle für das Universum spielen. Ich stelle hier fest, dass diese Wellen für Zeit und Quantenphysik zuständig sind. Nun, da stellt sich die Frage, was für einen Zusammenhang diese Wellen mit der Zeit und der Quantenphysik haben. Bevor ich diese Frage beantworte, möchte ich sehr gerne zuerst mal zeigen, wie diese Wellen aussehen und wie sie entstehen. Manchmal ist es im Leben wichtig, sich visuell die Dinge vorzustellen, um sie verstehen zu können.

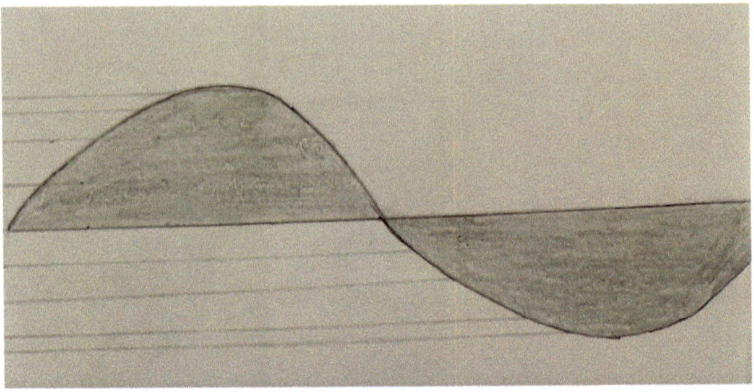

wellenförmig

Wie man auf dem Bild sehen kann, sind hier zwei Wellen zu sehen, die durch Erdrotation entstehen. Nun, als Erstes möchte ich gerne das Thema Quantenphysik erklären, welches in diesem Fall einen Zusammenhang mit Erdrotation hat. Wie wir bereits wissen, ist die Erde negativ geladen. Auf der Erdoberfläche befinden sich unzählige Atome, die ständig in einer Bewegung sind. Diese Atome hängen nicht von der Temperatur ab. Egal ob es Winter oder Sommer ist, diese Atome bewegen sich gleich schnell. Durch diese Bewegung, die sie machen, entstehen auch Impulse. Dieser Impuls entsteht, wenn Billionen von Atomen sich in einem Raum in einer Bewegung befinden. Dieser Impuls ändert die Richtung der Atome, beziehungsweise die Richtung der Atome wird dadurch geändert. Nun, wieso befinden sich ständig diese Atome in einer Bewegung? Diese negativen Atome befinden sich in einer Bewegung, weil die Atmosphäre positiv geladen ist.

Und dadurch, dass sowohl positive als auch negative Atome sich gegenseitig anziehen, entstehen diese Bewegungen der Atome. Zusammenfassend lässt sich sagen, dass sich die Erde in einem Raum befindet, und in diesem Raum gibt es unzählige negative Elektronen, die sich ständig in einer gleichförmigen Bewegung befinden. Nun, wie hat eigentlich das Ganze mit Quantenphysik einen Zusammenhang? Nun, es gab viele Versuche, um zu verstehen, wieso eine Welle durch Licht entsteht. Beziehungsweise wenn wir Licht schießen, wird dadurch eine Welle entstehen. Nun, ich möchte diese Frage hier in diesem Buch nicht beantworten, da ich eine Arbeit über die Quantenphysik am Schreiben bin. Ich möchte Ihnen aber ein Bild davon zeigen, wie in der Realität dieser Vorgang passiert, beziehungsweise wie diese Welle entsteht, wenn wir Licht schießen.

Die Erde übt solche Wellen aus.

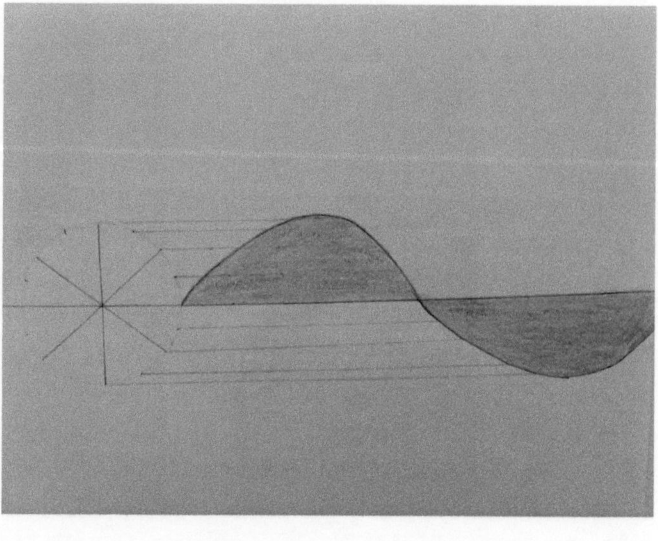

Wir sehen auf diesem Bild, wie die Wellen entstehen. Wie schon erwähnt wurde, möchte ich mich nicht weiter in das Thema Quantenphysik hier in diesem Buch vertiefen. Was ich damit ankündigen wollte, ist, dass der liebe Gott das Universum mithilfe der Physik erschaffen hat, beziehungsweise dieses Leben wird nicht anders als ein Atom und Simulation bezeichnet.

Nun, als Nächstes kommt die Zeit, welche sich auf Quantenphysik bezieht. Ich möchte hier noch ein paar wichtige Sachen aufklären, bevor ich loslege. Ich habe festgestellt, dass die Erdwelle für Zeit und Quantenphysik zuständig ist. Bitte verstehen Sie mich nicht falsch, dass ich nur diese zwei Dinge hier angekündigt habe, weil diese Wellen auch für was anderes zuständig sind. Ich habe nur diese zwei Sachen erwähnt, weil sich dieses Buch auf diese zwei Sachen bezieht.

Nun, da stellt sich jetzt die Frage, was für einen Zusammenhang könnten diese Erdwellen mit der Zeit haben? Ich habe bisher vieles über Zeit gesagt. Ich habe schon am Anfang gesagt, dass wir uns in einem Loch befinden. Die Erde übt einen Raum aus, in dem wir uns gerade befinden. Dieser Raum wird als Gravitation bezeichnet.

Die Erde ist negativ geladen und besteht aus unzähligen Atomen, die sich ständig in einer gleichmäßigen Bewegung befinden. Die Zeit ist gepresst und somit bleibt sie konstant. Wir unterscheiden die Außen- und die Innenwelt. Innerlich nehmen wir die Zeit anders wahr, was mit der Realität nicht übereinstimmt, denn die Zeit ist konstant, und wir denken, dass manchmal die Zeit schneller ist als normal. Wie weiß ich, dass die Zeit konstant ist? Ich weiß das, weil die Erde in jeder Sekunde, jeder Stunde, jedem Jahr gleich viele Wellen freisetzt. Und die Wellen laufen durch die Atome, die als Hoch- und Tiefpunkte bezeichnet werden. Falls Sie diesen letzten Satz nicht nachvollziehen können, dann empfehle ich Ihnen, eine andere Überlegung zu machen.

Die Erde dreht sich gleich schnell und lässt jedes Jahr dieselbe Strecke mit gleicher Geschwindigkeit zurück. Zum Beispiel: Was könnte passieren, wenn die Erde doppelt so schnell wäre? Ganz einfach, dann wäre die Zeit langsamer, dann würde diese Zeit nicht mehr vergleichbar mit der jetzigen Zeit sein.

Wenn wir von A nach B gehen müssen, und wir dabei nicht eine gleichmäßige Geschwindigkeit aufweisen, dann werden die physikalischen Gesetze der Zeit verstoßen. Wieso bleibt die Zeit immer konstant? Weil die Erde nicht diese physikalischen Gesetze verstößt. Wie weiß ich, dass die Erde nicht die physikalischen Gesetze verstößt? Weil die Erde eine gleichmäßige Bewegung macht, und somit wird die Zeit konstant bleiben. Wieso bin ich mir sicher, dass die Zeit konstant ist? Sie sollen sich das Ganze anders vorstellen. Ich habe bis jetzt die physikalischen Gesetze erwähnt, beziehungsweise was passiert mit der Zeit, wenn ein Körper keine gleichförmige Bewegung macht. Nun, was passiert eigentlich mit der Zeit, wenn ein Körper sich auf der Erde gar nicht bewegt, sondern stehen bleibt. Wenn ein Körper keine Bewegung auf der Erde aufweist, dann ist es nicht so, dass auch die Zeit stehen bleibt. Die Zeit ist konstant, und somit macht die Zeit nie eine Pause.

Sie: Wieso haben Sie den Begriff schwarzes Loch nicht erwähnt?

Ich bin mir ziemlich sicher, dass dieses Loch eine Bedeutung hat, warum es existiert. Dort befindet sich eine extreme Anziehungskraft, welche unbeschreiblich ist. Der Abstand zwischen Sonnensystem und schwarzem Loch ermöglicht uns ein Leben auf der Erde, wo wir uns gerade befinden. Die Angst, welche ich vor diesem schwarzen Loch habe, lässt nicht zu, über dieses schwarze Loch nachzudenken.

Sie: Wie stellen Sie sich die Zukunft im Allgemeinen vor?

Ich: Zu dieser Frage werde ich mehrere Thesen aufstellen und schließlich beantworten. Als Erstes möchte ich etwas genauer die Moral der Menschen beschreiben. Lassen Sie uns mal über die Vergangenheit nachdenken. Vielleicht haben Sie den gleichen Fall wie ich schon mal erlebt. Ich habe meine Großeltern immer gefragt, wie das Leben in deren Zeit war. Das mache ich heutzutage immer noch, ich frage immer wieder die alten Leute nach der Vergangenheit. Wie war es damals, was war alles zu sehen, woran sieht man den Unterschied zwischen der damaligen Zeit und der jetzigen Zeit? Es muss hier gesagt werden, dass ich sehr gerne mit alten Leuten meine Zeit verbringe. Nun, nicht nur meine Großeltern, sondern alle, die ich über die damalige Zeit befragt habe, gaben mir unterschiedliche Antworten, bis die Rede auf die Moral der Leute kam. Meine Großeltern und alle diese alten Leute gaben mir die gleiche Antwort, wenn es um Moral ging. Die sagten zu mir, dass es damals nicht der Normalität entsprochen hat, was heute alles für normal gehalten wird. Damals haben die Leute mehr Moral gehabt im Vergleich zu der heutigen Zeit. Man hat damals darauf geachtet, wie man sich angezogen hat. Die Leute haben sich gegenseitig mehr Respekt gezeigt, was heute fast zwischen Menschen verschwunden ist. Mit einem Wort möchte ich dazu sagen, dass die Moral der Menschen im Laufe der Zeit immer schwächer und schwächer wird.

Das andere Problem, welches in der Zukunft als ein ernsthaftes Problem bezeichnet wird, ist der Klimawandel. Wenn wir nicht auf die CO_2-Produktion achten, wird das Leben der Menschen aufgrund dessen zu Ende kommen. Die Kohlenstoffdioxid-Werte steigen jedes Jahr sehr stark an, was eben zu einer Gefahr führt. Das dritte Problem wird entstehen, falls wir für das zweite Problem keine Lösung finden. Das dritte Problem wird auch durch Menschen entstehen. Es wird eine Zeit kommen, in der eine große, aber wirklich eine große Änderung in allen Aspekten passieren wird. Was meine ich genau damit? Wenn ich das Wort Aspekt benutze, dann ist die Rede von all diesen Dingen, die das Leben ermöglichen. Was müssen wir alles machen, und was muss alles gemacht werden, um in diesem Universum leben zu können? Wissen Sie, dass ich damit einverstanden bin, dass das Leben langweilig ist, wenn wir keine Probleme zu lösen haben. Da ist aber die Rede von Problemen, die eben keinen starken Einfluss auf uns haben. Ich mache mir aber über dieses dritte Problem ein bisschen Sorgen. Ich weiß, dass Sie dieses dritte Problem nicht verstanden haben, beziehungsweise Sie konnten dieses dritte Problem nicht richtig nachvollziehen. Ich kann es aber nicht detaillierter erklären, denn ich möchte mich an alle Gesetze halten. Eins müssen wir uns klar vor Augen halten. Das Universum hat einen Beginn gehabt, es muss aber auch ein Ende haben, sonst macht es physikalisch keinen Sinn.

Sie: Was ist das Geheimnis des Universums?

Ich: Natürlich gibt es viele Geheimnisse in diesem Universum, aber ich möchte mich nur mit einem davon auseinandersetzen. Nun, als Erstes möchte ich hier sagen, dass alles auf diesem Universum aus Energie besteht. Vielleicht können Sie sich an das Prinzip der zwei Anziehungskräfte der Körper in der Schulzeit erinnern, die aus zwei Polen entstehen, einer davon ist plus und einer davon ist minus. Wir haben schon in der Schule gelernt, dass diese zwei Pole sich gegenseitig anziehen, und damit diese Anziehungskraft entstehen kann, braucht es Energie. Nun überlegen wir uns mal, was alles durch diese zwei Pole erscheinen kann. Als Erstes nehmen wir das Universum-System als ein Beispiel hierfür. Dadurch dass die Erde und der Mond sich gegenseitig anziehen, entsteht ja diese Rotation, welche die Erde in eine Bewegung bringt. Ich möchte Sie darauf hinweisen, dass die Erde negativ und der Mond positiv geladen sind. Als Nächstes möchte ich ein Beispiel anhand der Spannung machen. Wie entsteht eigentlich eine Spannung, und was für eine Auswirkung hat die Spannung in unserem Alltag? Im Alltag ermöglicht die Spannung den Stromfluss. Die Spannung entsteht ebenso aus zwei Polen, aus negativen und positiven. Dafür wird aber auch die Energie verlangt, ohne Energie wird kein Strom hergestellt. Als Nächstes betrachten wir ein Atom, welches aus Protonen, Neutronen und Elektronen besteht. Protonen sind positiv geladen, wohingegen die Elektronen negativ geladen sind. Wie wir es aus der Chemie wissen, bestehen alle Elemente aus Protonen, Elektronen und Neutronen. Die Elemente sind überall im Alltag zu sehen. Mithilfe von Elementen können die Chemiker eine chemische Reaktion machen, welche in diesem Leben eine sehr wichtige Rolle spielt. Wollen wir ein Medikament entdecken, dann wird dies mithilfe von diesen Elementen beschafft. Ich habe bisher anhand dieser zwei Pole ein paar Beispiele gebracht, und was sie für eine Auswirkung im Alltag haben. Nun fragen wir uns mal, was steckt hinter einem Menschen und dem Universum. Wieso können nicht alle das erzielen, was sie sich in ihrem Leben wünschen? Um diese Frage beantworten zu können, muss ich das mithilfe der Physik erklären. Es gibt leider keinen anderen Weg, mit dem ich alle diese Fragen beantworten kann. Das Universum hat seine eigenen Gesetze. Wenn Sie sich nicht an diese Gesetze anhalten, dann können Sie niemals das erreichen, was Sie sich wünschen. Das erste Gesetz ist, positiv über das zu denken, was Sie erreichen möchten. Wenn

Sie positiv denken, dann werden Sie als positiv geladen bezeichnet. Wir wissen, dass die Erde negativ geladen ist. Dadurch dass Sie positiv denken, wird zwischen Ihnen und dem Universum eine Anziehungskraft entstehen, welche am Schluss eine Auswirkung auf Ihr Leben hat. In diesem Fall ist diese Auswirkung als positiv gemeint. Was meine ich damit? Damit meine ich, wenn Sie positiv über den Wunsch nachdenken, dann werden Sie sich an das Universum-Gesetz halten, und somit wird Ihnen der Wunsch vom Universum erfüllt.

Es könnte sein, dass Ihnen schon mal etwas in Ihrem Leben passiert ist, ohne dass Sie es erwartet haben. Haben Sie mal an eine Person gedacht, und plötzlich, Sekunden später, ist er oder sie Ihnen vor den Augen erschienen? Mir ist sowas sogar mehrmals passiert. Sowas liegt an der Anziehungskraft. Wie schon erwähnt, alle diese Anziehungskräfte können nur mithilfe von Energie entstehen. Als Beispiel: Wenn wir denken, dafür wird Energie gebraucht. Ich bitte Sie ein Experiment in Ihrem Leben zu tun, welches ich Ihnen jetzt als eine Aufgabe mitgebe. Überlegen Sie sich, und suchen Sie sich einen Wunsch aus, welchen Sie gerne in Ihrem Leben verwirklichen möchten. Nehmen wir mal an, Sie möchten Ihren Traumjob erzielen. Nehmen Sie sich diesen Traumjob ernst vor, und machen Sie sich nur positive Gedanken darüber. Als Nächstes überlegen Sie sich sich, was Sie zuerst machen sollen, um diesen Traumjob erzielen zu können. Machen Sie sich auch darüber positive Gedanken, und denken Sie nicht negativ, wie zum Beispiel: Ich bin nicht gut genug, um diesen Job zu gestalten. Oder ich weiß nicht, wie ich es machen muss, um diesen Job bekommen zu können. Die Positivität hat eine ganz starke Anziehungskraft, welche Ihnen alle Wünsche in Ihrem Leben erfüllt. Ich weiß, dass man nicht immer positiv sein kann, aber das ist eine Kopfsache. Wenn wir jeden Tag positiv über etwas denken, dann werden auf diese Weise neue Neuronen in unserem Gehirn positiv programmiert, und somit können wir unser Leben selber steuern.

Außerdem, falls hier die Frage gestellt wird, wie soll ich mir dieses Prinzip der positiven und negativen Atome besser vorstellen, dann lassen Sie mich nochmals dies anhand eines anderen Beispiels erklären. Wie wir schon wissen, ist die Erde, auf der wir uns gerade befinden, negativ geladen. Wenn wir uns über einen Wunsch negative Gedanken machen, dann werden wir ihn nicht erfüllt bekommen. Der Hauptgrund hierfür ist, dass wir die Gesetze des Universums verstoßen. Negative Gedanken werden als negativ geladen bezeichnet. Dadurch dass auch die Erde negativ ist, kann unser Wunsch nicht erfüllt werden. Gemäß der Physik kann man nicht zwei Kugeln zusammenbringen, wenn die beiden negativ geladen sind. Wenn die beiden Kugeln negativ geladen sind, dann wird zwischen diesen beiden Kugeln keine Anziehungskraft stattfinden. Wenn man aber zwei Kugeln nimmt, die sich voneinander von ihrer Ladung unterscheiden, dann kann man die beiden Kugeln zusammenbringen. Beziehungsweise wenn wir auf der rechten Seite eine negative Kugel haben, und auf der linken Seite einen positive Kugel haben, dann wird die Anziehungskraft zwischen diesen beiden Kugeln stattfinden. Und genau dasselbe Prinzip gilt bei uns Menschen.

Die Erde ist an sich negativ geladen, und wenn wir auch negativ über unseren Wunsch nachdenken, dann wird es uns unmöglich, den Wunsch in unserem Leben zu realisieren. Der Hauptgrund hierfür ist, dass eben zwischen negativen Gedanken und negativer Erde keine Anziehungskraft stattfindet, somit wird uns das Universum nicht den Wunsch erfüllen können.

Sie: Was fasziniert Sie am meisten?

Ich: Ich finde es unglaublich interessant, wie dieses Universum funktioniert, und auch die Lebewesen, die eben in diesem Universum leben. Ich finde die Leute interessant, wie sie denken, wie sie laufen, wie sie Entscheidungen treffen, und wie sie ein Gespräch gemeinsam führen. Alle diese erwähnten Begriffe, die ich interessant finde, haben mit Algorithmen einen Zusammenhang. Ich stelle hier fest, dass das menschliche Gehirn nicht anders ist als ein programmiertes Organ, welches mithilfe von mathematischen Formeln berechnet worden ist. Sie können selber mal etwas ausprobieren, was Sie vielleicht so noch nie ausprobiert haben. Gehen Sie raus und schauen Sie kurz eine fremde Person an, die Sie noch nie gesehen haben. Geben Sie ihm oder ihr ein Lächeln, Sie werden sehen, dass der oder die Ihnen ein Lächeln zurückgeben wird. Außerdem müssen wir uns unendlich freuen, dass wir nicht wie ein geschriebenes Buch sind. Alles, was in einem Buch geschrieben wird, wird so für immer bleiben. Es wird sich nichts im Laufe der Zeit ändern, beziehungsweise es wird kein Buchstabe geändert. Und das Gegenteil von einem Buch sind Menschen. Wir Menschen können jeden Tag etwas Neues herausfinden, und wir können unsere Meinungen jederzeit ändern. Wir Menschen können die komplexesten Dinge, die nur mit Logik lösbar sind. Doch freuen Sie sich, dass wir ein solches wunderschönes Gehirn haben.

Ich verspreche es Ihnen, dass wir im Laufe der Zeit noch vieles über das Gehirn entdecken werden. Es gibt noch viele Geheimnisse über das menschliche Gehirn, welche in der Zukunft entdeckt werden.

Sie: Kann das sein, dass die Zeit in einem Raum des Universums stehen bleibt?

Ich: Ich möchte gerne nochmals diese Frage mit meiner höchsten Aufmerksamkeit anhand der Physik erklären. Ich habe am Anfang des Buches schon erwähnt, dass die Zeit quasi nie schläft und somit auch nie eine Pause macht. Sowas betrifft nur den Bereich, in dem wir uns tatsächlich auf der Erdoberfläche befinden. Da ist die Rede der Höhe = 0. Nun, ich habe aber auch gesagt, dass die Zeit im Laufe der Höhe etwas schneller ist als da, wo wir uns befinden, wo die Höhe = 0 ist. Der Hauptgrund hierfür war, dass eben im Laufe der Höhe die Anziehungskraft abnimmt. Es ist aber in diesem Buch erwähnt worden, dass die Erde mit ihrer Masse einen Raum ausübt, welcher tatsächlich als eine Gravitation bezeichnet wird. Nun, da ist die Frage gestellt, ob die Zeit doch stehen bleiben könnte.

Wenn wir uns das logisch überlegen, dann kommen wir zur Antwort auf diese Frage. Wenn die Zeit im

Laufe der Höhe zunimmt, dann ist es ganz klar, dass die Zeit im Laufe der Tiefe abnimmt. Was ich damit sagen möchte, ist, dass die Zeit langsamer vergeht, wenn wir uns in der Tiefe befinden. Wie komme ich dazu, dass die Zeit in der Tiefe langsamer vergeht? Nun bevor ich die Frage beantworte, müssen wir uns den Raum vorstellen können, wo sich die Erde befindet. Also dadurch, dass die Erde ein Loch mit ihrer Masse in dem Raum macht, wo sie sich befindet, wird dort am Innenradius der Erde eine höhere Dichte entstehen. Diese Dichte hat eine Fläche, wo die Zeit viel langsamer vergeht als da, wo wir uns gerade befinden. Es könnte auch sein, dass dort die Zeit gar nicht vergehen kann, beziehungsweise dort könnte die Zeit stehen bleiben. Der Hauptgrund hierfür ist, dass dort die Anziehungskraft viel zu groß ist.

Ein solcher Raum hängt von Masse und Volumen ab. Wenn Sie sich das visuell vorstellen wollen, dann müssen Sie sich zuerst einen flachen Raum vorstellen, auf dem keine Masse liegt. Logischerweise wenn es auf dem Raum keine Masse gibt, dann ist der Raum schön flach, horizontal. Wenn Sie aber eine Masse auf den Raum setzen, dann ändert sich die Form des Raumes. Dann würde der Raum so wie in der Abb. 2 aussehen. Wir befinden uns auf der Erdoberfläche, wo eben die Zeit gleich schnell vergeht, sobald wir uns nicht in einer Höhe befinden. Nun, unter der Erdoberfläche ist diese große Dichte aufgrund der Masse gebildet. In anderen Worten kann man sagen, dass die Erde eine Singularität bildet. An der Stelle, wo die Singularität steht, ist der Endpunkt des Raumes. An der Stelle, welcher als Singularität bezeichnet wird, ist der Raum viel kleiner als auf der Erdoberfläche. Je größer der

Raum, desto schneller vergeht die Zeit. Und je kleiner der Raum, desto langsamer vergeht die Zeit.

Sie: Was halten Sie vom Denken, wieso denkt man?

Ich: Die Tatsache dabei ist, dass Denken eine Form von Molekül ist. Jeder denkt anders, und Denken lässt sich unterscheiden. Im Allgemeinen kann man sagen, dass Denken durch die Erfahrungen bzw. durch das, was wir erlebt haben, entsteht. Ich mache nur ein Beispiel hierzu, wie eigentlich Denken entsteht. Nehmen wir mal einen Studenten an, der eine physikalische Aufgabe lösen muss. Als Erstes fängt er an, sich die Aufgaben anzuschauen. Worum geht es eigentlich hier? Nehmen wir mal an, es geht um Thermodynamik. Nun, der Student fängt an, die Aufgabe sofort zu lösen, wenn er schon Erfahrungen dazu gemacht hat. Er hat bei den Vorlesungen zugehört und sich alles markiert. Er hat aber auch zuhause geübt, bevor er die Prüfung ablegen muss. Während der Prüfung denkt er an die Formeln, die er für diese Aufgabe benötigt. Er verwendet die Formel, um die Aufgabe lösen zu können. Das heißt, ohne Denken würde er die Aufgaben nicht lösen können. Denken macht nichts anderes, als eine Reaktion zu lösen. Der Student denkt an die richtige Formel, die er schon geübt hat, und danach stellt er fest, dass diese Formel die richtige dafür ist. Schließlich ermöglicht ihm das Denken, die Formel auf das Papier zu schreiben. Auf diese Weise steuern wir unser Leben bzw. durch Denken und durch Reaktionen, die dadurch ausgelöst werden. Nun, wir wissen bereits, dass Menschen nicht immer diese richtigen Entscheidungen machen können. Das liegt daran, dass man zu wenige Erfahrungen gemacht hat. Unter Erfahrungen versteht man, wenn man etwas mehrmals gemacht hat.

Außerdem: Denken lässt sich auch mit anderen Faktoren erklären. Nehmen wir mal an, Sie hatten schon mal vorgehabt, ein eigenes Unternehmen zu gründen. Sie haben es aber nie geschafft, Ihr eigenes Unternehmen zu gründen, weil Sie Angst dabei gehabt haben. Es gibt natürlich zwei Arten von Menschen in solchen Fällen. Zum einen gibt es Menschen, die sich nur positive Gedanken machen, wenn sie etwas handeln möchten. Wie ich schon erwähnt habe, wenn man positiv denkt, dann muss der Wunsch erfüllt werden. Das liegt daran, dass das positive Denken mit diesem Universum übereinstimmt. Ich kenne persönlich viele Leute, die ein eigenes Unternehmen haben. Ich habe sie gefragt, was sie sich für Gedanken gemacht haben, bevor sie ihr eigenes Unternehmen gegründet haben. Sie sagten zu mir, sie haben sich darüber nur positive Gedanken gemacht. Zusammenfassend lässt sich sagen, dass uns das positive Denken in einem solchen Fall handeln lässt. Heutzutage weiß man, dass unser Gehirn aus Neuronen besteht. Durch diese Neuronen fließt die Reizaufnahme hindurch. Besser gesagt, das Denken hat eine schnelle Geschwindigkeit, welche mithilfe von Impuls entsteht. In der Physik wird Impuls mit einer solchen Formel berechnet, nämlich $p = m * v$. Das heißt, m ist die Masse und v ist die Geschwindigkeit. Das Denken muss sowohl eine Masse als auch eine Geschwindigkeit haben. Und wenn wir mehrmals über eine Sache nachdenken, dann wird sie in unserem Gehirn gespeichert.

Alles, was in unserem Gehirn gespeichert wird, wird als Programmierung bezeichnet. Nehmen wir mal an, Sie sind 33 Jahre alt und Sie haben vor, Jura zu studieren. Das Jurastudium dauert 6 Semester, bzw. der Bachelor dauert 6 Semester insgesamt. Was ich Ihnen garantieren kann, ist, dass Ihr Verhalten sich nach 6 Semestern ändern wird. Sie werden nach 6 Jahren viel mehr über die Gesetze wissen. Alles, was Sie in diesen 6 Jahren lernen werden, werden Sie als neue Informationen in ihrem Gehirn abspeichern. Beziehungsweise Sie haben sich neue Dinge im Gehirn programmiert, welche auf Ihr Verhalten eine Auswirkung haben werden. Den Menschen ist von der Natur her erlaubt, sich zu programmieren, um weiterhin in diesem überhaupt leben zu können.

Sie: Die Sonne bewegt sich nicht, wer ist für sie zuständig?

Ich: Wir wir bereits wissen, dreht sich die Sonne nicht. Es muss hier auch gesagt werden, dass die Sonne eine sehr hohe Masse besitzt. Bei der Sonne ist die Singularität viel höher, als welche die Erde ausübt. Es ist ganz klar, dass die Sonne nicht aus nichts entstanden ist. Es ist aber auch ganz klar, dass der liebe Gott sich gut überlegt hat, wie die Masse der Sonne auf der Raumoberfläche so bleibt, wie sie tatsächlich gerade sich befindet. Es muss hier unbedingt gesagt werden, dass Gott einmal für alle diese entstehenden Sachen zuständig war. Bevor alles entstanden ist, hat der liebe Gott sich gute Gedanken darüber gemacht, wie alles langfristig problemlos funktioniert. Stellen Sie es sich so vor: Wenn Sie eine leichte

Masse nehmen und Sie die Masse auf das Wasser werfen, wird diese Masse nicht hinuntersinken. Es könnte auch der gleiche Fall bei unserer Sonne sein. Natürlich gibt es kein Wasser unter der Sonne, statt Wasser könnte es Luft sein. Es könnte sein, dass unter der Sonne eine höhere Luft entsteht, welche die Masse der Sonne so hält, wie sie gerade ist.

Danksagung

Die Dankbarkeit ist die, die wir heute nicht mehr so oft in unserer Gesellschaft hören. Nach meiner Meinung hat der Egoismus in unserer heutigen Gesellschaft stark zugenommen, was eben am liebsten wieder abgeschafft werden soll.

Ich danke allen: sowohl denjenigen, die mich nicht unterstützen wollten, als denjenigen, die mich auf meinem Weg unterstützt haben. Ich danke euch allen für das, was ihr mir gebt. Ich danke meinen Eltern unendlich, was sie alles für mich gemacht haben. Ich danke meiner Kollegin, die mir die Zeichnungen für dieses Buch gezeichnet hat. Ich danke allen meinen Kollegen, die mich motiviert haben, dieses Buch zu schreiben. Ich danke Ihnen, dass Sie sich entschieden haben, dieses Buch zu kaufen, und es bis zum Abschluss lesen.

Ich danke allen meinen Lehrer/-innen, die sich bemüht haben, mir in der Schule etwas beizubringen. Ich danke sowohl meinem Physik- als auch meinem Mathematiklehrer, die mir diese zwei Fächer beigebracht haben.

Für unseren lieben Gott gibt es eine unendliche Dankbarkeit. Ich danke dem Gott, dass ich gesund bin, und dass ich auf dieser wunderschönen Welt bin.

Abschließende Worte

Es ist über viele Themen in diesem Buch diskutiert worden, und ich habe mit diesem Buch eine große Reise hinter mir. Ich habe versucht, möglichst alle Themen in einen logischen Bereich umzuwandeln, so dass für alle klar wird, was ich dazu sagen wollte. Ich habe die Realität der verschiedenen Themen mithilfe der Physik beantwortet, so dass Sie auch sehen, wie mächtig das Fach Physik ist. Dabei wurde aber auch vieles über unser Gehirn gesagt, beziehungsweise wie unser Gehirn die Dinge im Alltag wahrnimmt. Sie haben bereits gelernt, was alles in unserem Gehirn zunächst passiert, wenn wir etwas Neues lernen möchten. Sie haben aber auch gelernt, wie Sie innerhalb von wenigen Tagen Ihr Gehirn umprogrammieren können. Ich meine, es ist ein sehr wichtiger Prozess in Ihrem Leben, wenn Sie Ihr Gehirn so programmieren, dass Sie alles erreichen werden, was Sie tatsächlich möchten. Das Wichtigste, was man in diesem Leben machen soll, ist, dass man die heutige Arbeit nicht aufschieben soll. Wenn Sie die Gelegenheit haben, heute das zu erledigen, was Sie zum Abschluss bringen möchten, dann machen Sie es sofort, und warten Sie nicht auf morgen. Das Gehirn versucht uns die Dinge zu verschieben, die uns das Leben auf 380 Grad ändern können. Das Problem ist dabei, dass unser Gehirn keine solchen Anstrengungen mag. In diesem Universum besteht für uns nicht die Gelegenheit, erfolgreich zu werden, ohne dass wir uns dafür anstrengen müssen.

Ich finde es wirklich schade, dass in dem heutigen Schulsystem die Programmiersprachen nicht unterrichtet werden. Mein Wunsch ist, dass es in der Zukunft die Programmierung als Pflichtfach in der Schule geben soll. Jeder Schüler soll das Basiswissen im Bereich Programmierung haben, was unglücklicherweise momentan nicht der Fall ist. Was bringt es eigentlich, wenn man einigermaßen das Programmieren versteht? Ich höre immer wieder von Leuten, was sie alles über die künstliche Intelligenz diskutieren. Das Problem ist dabei, dass die Leute noch nicht verstanden haben, was genau die künstliche Intelligenz bedeutet. Sie reden über etwas, was mit der Realität nicht übereinstimmt. Ich mache ein Beispiel hierzu: Heutzutage erkennt man sofort, wenn man unter einer Gefahr steht. Wenn wir eine Gefahr sehen, dann reagieren wir, und wir versuchen diese Gefahr zu verhindern beziehungsweise zu vermeiden. Zum Beispiel ist es gefährlich, den Strom anzufassen. Wir wissen, wie Strom funktioniert, und deshalb fassen wir den Strom nicht an. Was ich damit sagen möchte, ist, dass wir einen Abstand zu Gefahren einhalten. Wir halten einen Abstand, weil wir die Gefahr verstehen. Wenn es in der Schule das Fach Programmierung als Pflichtfach geben würde, dann hätte jeder verstanden, was für eine Gefahr dadurch entstehen könnte. Und wenn wir als Bevölkerung die Gefahren sehen, dann müssen wir diese Gefahren selber versuchen zu vermeiden.

Ich möchte noch dazu sagen und hoffe, dass dieses Buch Ihnen in einigen Aspekten geholfen hat. Ich hoffe, dass Sie wegen dieses Buches unmittelbare Fortschritte dort machen, wo sie steckengeblieben sind. Natürlich wünsche ich Ihnen und Ihrer Familie für Ihre Zukunft viel Erfolg und ein gesundes Leben. Vergessen Sie aber eins nicht, dass Sie Ihre Hoffnungen nicht verlieren sollen. Man sagt in diesem Leben: Was als Letztes stirbt, das sind die Hoffnungen. Versuchen Sie das Beste für Ihr Leben daraus zu machen. Helfen Sie auch anderen Menschen, falls Sie Ihre Hilfe brauchen. Schreiben Sie die wichtigsten Informationen auf, welche Sie aus diesem Buch holen könnten. Ich würde mich enorm freuen, wenn Sie mir ein ehrliches und respektvolles Feedback zu meinem Buch geben können.

Es ging alles blitzschnell, es ging um Glaubhaftigkeit, es gab Fälle, wo es nur um Widerspruch ging. Die Zeugen waren verschwunden, wenn sie für uns da sein sollten. Es gab Fälle, in denen jemand anderes für uns die Meinung angeschlossen hatte. Es ist alles irgendwie willkürlich angekommen. Es gibt keine Menschenrechte, die wir verdient haben. Alles, was wir bisher gemacht haben, repräsentiert unsere persönlichen Einschätzungen und unsere Persönlichkeit. Das bin ich:

Negjmedin Kerellaj